여행의 사고 셋

여행의 사고 셋

사상의 흔적을 좇다―중국·일본

윤여일 지음

2012년 11월 26일 초판 1쇄 발행
2013년　5월 15일 초판 2쇄 발행

펴낸이	한철희
펴낸곳	주식회사 돌베개
등록	1979년 8월 25일 제406-2003-000018호
주소	(413-756) 경기도 파주시 회동길 77-20(문발동)
전화	(031) 955-5020 팩스 (031) 955-5050
홈페이지	www.dolbegae.com 전자우편 book@dolbegae.co.kr

책임편집	김태권
편집	소은주·이경아·권영민·이현화·김진구·김혜영·최혜리
디자인	이은정·박정영
디자인기획	민진기디자인
마케팅	심찬식·고운성·조원형
제작·관리	윤국중·이수민
인쇄·제본	영신사

ⓒ 윤여일, 2012

ISBN 978-89-7199-513-6 04980
ISBN 978-89-7199-510-5 (세트)

책값은 뒤표지에 있습니다.

이 도서의 국립중앙도서관 출판시도서목록(CIP)은 e-CIP 홈페이지(http://www.nl.go.kr/cip.php)에서
이용하실 수 있습니다. (CIP제어번호:CIP2012005273)

여행의 사고 셋

사상의 흔적을 좇다 — 중국·일본

윤여일 지음

돌베개

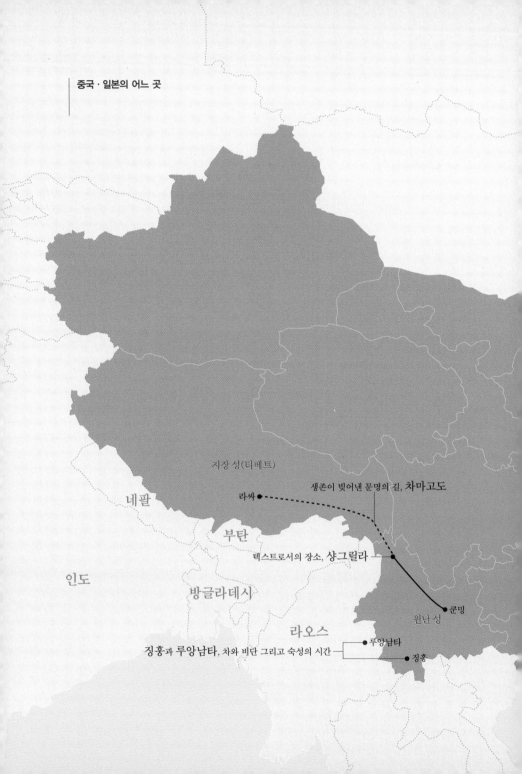

중국·일본의 어느 곳

지장 성(티베트)

네팔

부탄

인도

방글라데시

라오스

라싸

생존이 빚어낸 문명의 길, 차마고도

텍스트로서의 장소, 샹그릴라

쿤밍

윈난 성

징훙과 루앙남타, 차와 비단 그리고 숙성의 시간

루앙남타

징훙

홋카이도에서 만난 조선 ───

●─── 베이징, 번역에서 여행을 사고하다

한 사상가의 흔적을 찾아가는 길, 도쿄 ●

일 본

중 국

상하이 ●
─── 사오싱과 상하이, 루쉰에게서 정치를 보다
사오싱 ●

동아시아를 공부/여행하는 일, 그리고 오키나와 ───

차례

정신으로의 여행

책상을 떠나 유동하는 상황 속에서 정신을 단련시키기를 원했다. 모어 문화 바깥에서 감수 능력을 담금질하고 싶었다. 낯선 환경에서도 그간 지녀 온 신념이 믿을 만한지 시험하고 싶었다. 체험의 형태가 주조되고 체험의 가치가 하락하는 시대에 헐값으로 매겨지지 않을 체험을 갈구했다. 밖으로 나갔다.

바다를 건너고 도시를 헤매고 사람과 부대낀 증거가 영혼에 남아 있기를.

인식과 인내

이질적인 것, 불투명한 것, 비스듬한 것, 구부러진 것, 우연한 것, 뜻밖의 것, 역동적인 것, 모순적인 것, 비합리적인 것, 계산할 수 없는 것, 외떨어진 것, 논리 안에 좀처럼 담기지 않는 것, 닳아빠지지 않은 것, 진부하지 않은 것, 사소한 것, 시시해 보이는 것, 대수롭지 않은 것.

성급함은 여행의 사고에 위험한 적이다. 바깥으로 나온 여행자는 타지의 민낯을 들여다보려는 마음에 급급하다. 서둘러 강렬한 체험을 맛보고 싶다. 그러나 어느 곳이든 사람살이는 정돈되어 있다기보다 어수선하며 불투명하다. 여행자가 현지 삶의 밀도를 통과해 의미에 닿으려면 여행의 사고에는 인내가 필요하다. 그 인내란 현지에서 마주치는 사람과 사물과 사건으로부터 뜻밖의 긴 이야기가 걸어 나오기를 기다리는 인내다.

인내하는 정신은 촘촘하고 탄력적인 거미줄처럼 뻗어가 날고 기는 것들을 낚아챈다. 이질적인 것, 불투명한 것, 비스듬한 것……, 그것들은 거미줄에 걸려 정신의 자양분이 된다. 그것들은 사고의 편린과 뒤얽히며 거기서 영감이 발생한다. 그리고 하나의 영감에 다른 영감들이 들러붙으면 결정체가 생긴다. 여러 결정체가 생기면 결정체들은 곳곳에서 서로를 비추고 반짝이며 성좌를 형성한다. 그런 성좌를 간직한 여행의 이야기는 매혹적이다.

그러나 여행담의 재료로 삼으려고 현실의 파편들을 무절제하게 끌어오고, 현실의 긴장 어린 요소들을 매끄럽게 다듬어 섣불리 화해시킨다면 그건 진정한 여행의 사고가 될 수 없다. 차이를 녹여 그것을 곧바로 의미라고 외쳐서는 안 된다.

여행의 사고는 인식 행위를 이렇게 인식한다. 다른 경우도 그러하겠지만, 여행에서 인식이란 어떤 마찰도 겪지 않고 대상에게 다가가 그 의미를 손실 없이 건져오는 식일 수 없다. 인식이란 결국 대상의 일부를 의식적으로 비틀어 짜내 자신에게 끌어오는 정신적 조작이다. 여행자가 진정 낯선 장소로 진입해 의미를 발견하려거든 여행자는 그 시도의 버거움을 먼저 직시해야 한다. 아무리 거미줄처럼 탄력적이더라도 정신은 일거에 대상과 융합할 수 없으며, 아무리 탁월하더라도 사유는 곧바로 대상의 본질을 파고들 수 없다.

제약 없는 사고를 위해 여행자가 자신의 제약성을 부정하려 들면 들수록 대상을 왜곡할 위험성은 커진다. 자신의 존재구속성을 외면하는 여행자는 섣부른 직관과 추상 사이의 비약을 범하며 대상의 의미를 작위적으로 획정해버린다. 대상을 총체적으로 파악할 수 있으며, 대상에게 투명하게 다가갈 수 있다고 여긴다면 여행의 사고가 져야 할 책임의 한계가 사라지고 그것은 실상 사고의 무책임을 낳는다.

가깝다와 멀다

이번에는 중국과 일본에 다녀온 체험을 기록할 작정이다. 두 나라 모두 수년 동안 수차례에 걸쳐 다녀왔다. 그러나 다른 나라도 그러하겠지만 "중국에 다녀왔다", "일본에 다녀왔다"는 매우 제한된 진술이다. 두 나라는 몹시 크다. 중국의 지리적 규모는 세계 4위며, 인구수는 세계에서 가장 많다. 그리고 여러 민족이 정치적·문화적으로 복잡하게 공존하며 살아간다.

　일본의 지리적 규모는 세계 중위권이다. 그러나 일본은 열도로서 길게 늘어서 있으며, 칠레처럼 육지의 한곳에서 일광욕할 때 다른 곳에서는 눈사람을 만들 수 있는 얼마 되지 않는 나라다. 경제력이나 외교력을 감안한다면 일본의 규모는 세계 수위다. 아울러 중국과 일본은 제국 혹은 제국주의를 거쳤다는 점에서 한국인의 조건에서는 가늠하기 힘든 역사적 규모를 가지고 있다. 흔히 세 나라를 묶어 '한중일'이라고 부르지만, 삼국의 규모는 거의 모든 영역에서 몹시 불균형하다.

그러나 중국과 일본은 한국에서 섣불리 단순화되는 나라다. 인도나 멕시코 같은 지역을 돌아다닌 여행자들의 글은 감흥에 취해 운문조를 띠곤 한다. 지나친 자기도취 역시 타지의 실상을 신비화하고 단순화하기 십상이다. 현지의 사람살이는 누락되며, 피상적인 감상과 여행길에서 만난 동행자와의 인연담이 그 자리를 대신하곤 한다. 반면 중국과 일본에 대해서라면, 방문한 곳이 티베트 고원이나 홋카이도의 설원이 아니라면 한국 상황을 준거 삼아 나라 간 차이를 비교하는 산문조가 농후하다. 이 또한 단순화의 한 가지 편향이다.

때로 중국과 일본에 대해서라면 여행자의 감상에 민족 감정이 배어들곤 한다. 특히 일본은 민족 감정을 발산하고자 할 때 가장 편리한 회로가 된다. 식민과 피해의 기억이 단순화되면 될수록 민족 감정도 형해화된다. 한편 역설적으로 '한국 대 일본'이라는 구도에 안주하려는 민족주의적 욕망은 한국인에게 사고의 제약으로 작용한다. 그 구도가 한국인의 지역 인식과 세계 인식의 확장을 가로막고 있는 것이다. 따라서 어떤 의미에서는 일본의 잘못을 규탄하고 친일의 역사를 청산하는 작업만큼이나 '한국 대 일본'이라는 대립구도를 극복하는 것이 진정한 탈식민의 과제일지 모른다.

그런데 현재 적대의 대상은 점차 중국으로 옮겨가고 있다. 한국의 대중 매체에서 중국의 이미지는 세 가지 방식으로 패턴화되어 유통된다. 중국의 낯선 풍습이나 기괴한 사건들을 다루며 '이국성'을 끄집어내는 내용, 중국 사회의 비민주성이나 언론의 부자유, 도시와 농촌의 격차 등에서 '낙후성'을 짚어내는 내용, 그리고 경제 영역에서의 중국위협론이다. 일본에 대한 민족 감정의 골이 역사적 기억에서 유래한다면, 중국을 곁눈질하는 시선에는 문명론적 시각이 깔려 있다.

'가깝고도 먼 나라'라는 말이 있다. 특히 중국과 일본은 그렇게 묘사된다. 상투적 표현이긴 하지만 이 말에는 어떤 진실이 담겨 있는지 모른다. 흔히 '가깝다'는 지리적 거리에서 그렇다는 것이며, '멀다'란 민족 감정의 간극이 크다는 의미다. 그러나 나는 '가깝다'와 '멀다'를 다른 의미에서 풀어보고 싶다.

어떤 나라든 그 나라에 관심을 갖고 그곳 사람들 속에서 헤맨다면, 그 나라는 가까운 곳이 될 수 있다. 현지인이 살아가는 모습에서 뜻밖에 친근한 구석을 발견하거나 혹은 낯선 정경이 마음속에서 바라왔던 장면과 겹치거나, 나와 비슷한 고민을 지닌 사람들을 만날 수 있을지 모른다.

그러나 그 나라와 사람들에게 관심 이상을 갖는다면 가까워지는 만큼 멀어진다. 진정 소중한 대상이라면 함부로 다가가 멋대로 의미를 부여하거나 끄집어낼 수 없다. 대상에 매력을 느낄수록 서둘러 본질을 꿰차고 싶어지지만, 진정한 애정이라면 대상에 대한 자신의 인식이 결국 대상의 본질에 대한 인식이 아니라 대상에 관한 자신의 연출이었음을 직시하게 된다. 즉 자기 관심사에 따라 대상을 확대하거나 축소하고 미화하거나 왜곡했던 것이다. 이것이 인국隣國을 대할 때 '가깝고도 멀다'는 말의 진정한 의미가 되어야 한다.

이 책은 바로 중국과 일본에 대한 그 가깝고도 먼 거리감에 관한 이야기다.

부유력과 중력

내게 일본은 여행지이기만 했던 것이 아니다. 일본에서 2년간 생활했다. 한국으로 돌아와 외국인으로서 지낸 날들을 떠올리면 부유감에 사로잡힌다. 일본에서 생활하다가 한국으로 돌아오니 리얼리티가 달라졌다. 양쪽의 사회에서 느끼는 두 가지 리얼리티는 양립하지 않아 한쪽에 있으면 다른 쪽의 리얼리티는 희박해진다. 돌아온 뒤 일본에서 지낸 2년간의 기억은 여행의 부유력과 생활의 중력 사이에서 여전히 방황하고 있다. 때로 기억의 긴 손은 문득 생활의 어딘가에서 뻗어 나와 나를 붙든다. 그러면 일순 무중력 상태에 놓인 듯 생각의 질서가 흐트러진다. 나는 그 방황의 질감을 전하고 싶다. 그러나 적당한 말을 고르기는 어렵다.

다만 말할 수 있고 말하고 싶은 것이 있다. 어떤 정신적 체험에 관해서다. 외국인으로서 생활하는 동안 나의 정신에는 팬 자리가 생겼다. 모어 조건에서 벗어나 지각하고 경험하고 표현하고 기억해야 했던 까닭일 것이다. 시간이 지나자 팬 자리에 조금씩 물이 고였다. 나중에야 알게 되었다. 외국인으로서 생활하는 동안 고인 소량의 물은 돌아오고 나서 한동안 내게 사유의 원천이 되었다.

외국인으로서 지낸 생활이 물이 고인 이유의 전부는 아니다. 일본에서 체류하는 동안 나는 다케우치 요시미라는 일본 사상가와 쑨거라는 중국 사상가의 글을 읽고 번역했다. 매일 아침 일어나면 두 시간가량 읽고 옮겼다. 처음에는 생활상의 이유도 있었다. 외국인으로 지내는 생활은 불안정했다. 잠을 이루지 못하는 날들이 많았다. 특별한 고민이 있어서라기보다, 낮에 일본어로 제대로 꺼내지 못한 표현들이 잠을 청할 무렵 의식이 내리누르는 무게가 가벼워지면 불쑥 튀어나와 한국어와 뒤섞여 자꾸 뒤척이게 만들었다. 생활에도 정신에도 안정적 리듬이 필요했다. 번역은 차근차근히 진도 나가는 맛이 있었다. 그래서 아침만큼은 그들의 글과 함께 시작했다.

그들의 글은 몹시 매력적이었다. 매력적이라는 표현은 너무 통속적이라서 흡족하지 않지만, 아무튼 깊게 매료되었다. 그들의 글은 문장들로 조합되어 있을 뿐 아니라 살아 있어 나를 이끌고, 또 내 마음에 다가와 잔뿌리를 내리려고 했다.

번역하려고 같은 문구를 몇 번이고 읽었다. 그러다보니 나중에는 내용만이 아니라 말투에도 마음이 갔다. 어떤 구절은 전부터 찾아 헤매던 표현 같아 반갑고, 어떤 구절은 내 마음의 응어리를 대신 토해내준 것 같아 연대감을 느꼈다. 그러다가 그 표현을 골라내려면 그들이 무언가를 그만큼 버렸으리라는 데 생각이 미쳤다. 그들의 글은 문장 하나하나에 생명력이 깃들어 있다. 번역자의 애착이란 소리를 들을지 모르나, 그들의 글은 읽는 이로 하여금 자세를 고쳐 앉도록 만드는 어떤 요소가 있다. 논리나 지식이 아닌 어떤 고유한 감각을 버팀목으로 삼아 써서 그렇다는 짐작이다. 그들이 버린 무언가는 행간에 남아 표현된 것들의 주위를 감돌며 그 버팀목 역할을 하고 있었다.

그러나 내가 원어를 한국어로 옮기는 동안 그것이 자꾸 손에서 새어나가는 것만 같았다. 한 문장 한 문장을 옮기는 일은 되는 대로 해볼 수 있었다. 그러나 한 문장을 전후에 있는 다른 문장과 엮으려면 그들의 고민의 깊이로 들어가야 했다. 하지만 그곳으로 들어설 만한 정신적 역량이 내게는 없었다. 다만 그들의 글을 옮기기 전에는 행간에 잠재해 있는 무언가에 이토록 마음이 머문 적이 없었다. 그들이 대신 토해내준 것 같다던 내 마음의 응어리도 그들의 글들을 읽고 나서야 그런 것이 내 안에 있었구나 알아차렸다.

사상적 만남

결국 나는 위안을 얻었던 것이다. 문자적 데자뷰랄까. 여러 편의 다른 글을 읽는데 신기하게도 어떤 단어나 문구가 반복해 등장하며 나를 어루만졌다. 그 단어, 그 문구는 그저 그 페이지의 그 행에 있었을 뿐이지만 그 언어의 조각들은 거기서 나를 기다리고 있었다는 듯 환대하고 위안해줬다.

그러나 위안에 머물러 있을 수 없었다. 위안을 기대하며 책을 들었다가 위안 이상을 경험하는 때도 있었다. 글 속에서 모르는 단어는 없지만, 그것들은 한데 모여 밋밋한 생의 감각을 관통하고 생각의 관성적 흐름을 일순 뒤집어놓았다. 당연하게 여겨왔던 암묵의 전제에 금이 갔다. 그때 그 책은 더 이상 따뜻하지 않다. 안이한 정서적 공감을 부숴버려 나른한 따뜻

함은 온데간데없고 행간 사이로는 차가운 바람이 불어온다. 그리하여 그 책은 나를 어떤 정신적 문턱으로 데려간다. 나는 그들이 의미하려는 것을 이해하려고 애쓰며 어느 지점까지, 되도록 먼 곳까지 따라나선다.

그러나 어느 지점까지다. 그 까닭은 그들의 사고를 따라가는 여정 동안에 그들을 떠나야 할 시간도 다가오기 때문이다. 그 여정 가운데 내 안에서는 무언가가 자라나 그저 답습하는 데서 머물 수 없게 된다. 위안에 안주하고 있을 수 없다. 그래서 책을 덮는다. 이제 그들과 헤어진 곳에서 나의 사고는 다시 출발해야 한다.

이제껏 글이라면 적지 않게 읽어왔다. 그러나 그들의 글을 접하면서 텍스트상의 인간과의 만남을 비로소 간절히 갈구하게 되었다. 다케우치 요시미는 세상을 떠난 지 오래다. 따라서 만남은 직접적 대면이 아니라 사상적 만남이 되어야 했다. 나는 이렇게 생각한다. 아니 이것마저 그들에게 배웠다. 사상적 만남이란 텍스트의 작가를 살아 있는 상대로 대한다는 의미이며, 상대가 남긴 문자를 읽어낼 뿐 아니라 그 문자들을 토해낸 시대상황 속에서 상대가 품고 있던 내재적 모순을 이해하고, 상대와 그 시대상황 사이의 긴장관계 속으로 들어가 상대의 텍스트에서 여전히 읽혀지지 않은 사상적 요소를 건져 올리는 일이다. 그것은 문자로 남겨진 텍스트에 다시 생의 호흡을 주입하는 일이며, 상대가 살아 있기에 상대를 향한 자신의 이해 방식을 거듭 되묻는 일이며, 상대가 살아 있기에 그 텍스트에서 지금을 살아갈 사상사적 요소를 발견하는 일이다. 과거의 인간이라 하더라도 현재의 관념에 끼워 맞추거나 오늘날의 지식으로 분류할 수 없는 요소를 상대에게서 발견할 때 육체의 생을 잃은 과거의 인간은 사상적으로 살아 있을 수 있게 된다.

일본에 체류하는 동안 나는 그들의 텍스트를 탐독했고 나의 사고에는 그들의 사고가 깊이 스며들었다. 외국인으로서 지내는 동안 생겼다던 팬자리에 고인 물도 상당량은 그들에게서 흘러들어온 것이었다. 그것이 한국으로 돌아온 내게는 사유의 밑천이었다.

앞서 말했듯이 물의 양은 많지 않았다. 하지만 한국으로 돌아오고 나서 글을 쓰는 일이 잦았다. 그때마다 나는 고여 있는 물을 퍼다가 사용했다. 2년도 채 지나지 않아 바닥이 드러나기 시작했다. 바닥이 드러나자 나의 글도 뿌리가 끊긴 듯 말라가기 시작했다. 나는 사고의 동력을 스스로 만들어낼 만큼 자립하지 못했던 것이다. 그리하여 다시 여행을 떠났다. 사고의 힘이 부칠 때마다 바깥으로 영양원을 찾아 나서는 일을 언젠가는 그만둬야 하겠지만, 나는 다케우치 요시미와 쑨거 모두가 애정을 갖고 연구했던 루쉰의 흔적을 찾아 중국으로 떠났다.

정신의 개성

나는 이웃 나라 사람들을 사랑해야 한다고 믿지 않는다. 그러나 사랑할 사람들이 있음을 알고 있다. 그들이 나와 같은 고민을 끌어안고 있기 때문이다. 이 표현 역시 다케우치 요시미가 알려준 것이다. 그 발언을 하면서 다케우치 요시미는 먼저 루쉰을 떠올렸을 것이다. 그러나 그 발언은 루쉰만을 향하지 않았다. 그는 일본의 중국 연구자로서 격동하는 중국에서 고투하는 중국인들에게 애정을 느꼈다. 그리고 그때의 애정은 그들이 고투하는 중국의 상황을 체감하고 그 속으로 진입하려는 실천으로 이어졌다.

나는 다케우치 요시미의 말을 그 자신에게로 되돌리고 싶다. 그의 존재로 말미암아 일본 사회에 대한 나의 감수 방식은 조금이나마 달라질 수 있었다. 일본 사회는 내가 애정을 느끼는 한 인간이 출현하고 자라났던 토양이며, 일본 사회의 문제는 그 인간의 과제였다. 그 인간에 대한 애정이 그 사회를 향한 관심과 무관할 수는 없다. 그렇다면 사상적 만남은 성사되지 않는다.

만약 사상적 애정이라는 말도 가능하다면, 그것은 텍스트를 보고 한눈에 반하거나 하는 것이 아니다. 사상적 애정은 텍스트를 애독할 뿐 아니라 상대가 고투한 시대 속으로 진입하려고 애쓰고, 그 사회의 공기를 숨 쉬려고 노력하며, 비록 남의 나라 문제더라도 외부자로서 멀찌감치서 평가하거나 자국 상황과 비교하는 게 아니라 그 문제를 나눠 가지려는 시도에 의해 배양되기 때문이다.

그리고 체류 기간은 훨씬 짧지만 루쉰 그리고 쑨거에게 생활과 사상의 터전이었던 중국 사회에 대해서도 감수 방식은 바뀌었다. 아니, 그들의 존재를 알고부터는 중국으로의 여행이 그저 가보고 구경하는 일이 아니라 그들을 고민하게 만들었던 사회에 조금씩이라도 다가가는 과정이 되기를 바라고 있다. 하지만 그런 만남의 힘, 애정의 힘, 사고의 힘이 부족하기에

이 여행기에서는 그 시도를 숙성시켜 담아내지 못했다.

다만 여기서 구체적 인간에게 느꼈던 정감만큼은 적을 수 있을 것 같다. 다케우치 요시미와 쑨거는 아마도 생경한 인물일 테니 그들에 대한 경험은 뒤에서 밝히고, 지금은 루쉰에게 느꼈던 감상만이라도 힘닿는 대로 옮겨보고 싶다.

루쉰을 떠올린다. 정신적 거인, 우주적 자의식의 소유자, 전인적 웅대함을 지닌 존재. 고귀한 정신에게 헌사하기 위한 그럴듯한 수사야 많겠지만, 이런 것들은 루쉰에게 어울리지 않는다. 그는 경외감을 안기는 치솟은 봉우리라기보다 차라리 황량한 광야와 같다. 광야는 나를 방황케 한다. 거기에는 포착하기 힘든 주조음이 낮게 깔린다.

이제껏 나는 어떤 작가나 사상가들이 지닌 생각의 단편들을 챙겨두었다가 주머니에서 담배를 꺼내 물듯 기법으로만 가져다 쓰곤 했다. 그러나 루쉰은 그럴 수가 없다. 다른 작가나 사상가들의 사고가 루쉰에 못 미쳐서가 아니다. 그것은 내가 가늠할 수 있는 일이 아니다. 다만 그들과 나 사이에는 아직 만남이 발생하지 않은 것이다. 루쉰과도 그 만남이 발생했다고는 말하기 어렵다. 그러나 그의 글을 대하노라면 그에게 이끌려 조금씩 만남의 채비를 하게 된다.

사상은 한 개체가 소유하는 재산 같은 게 아니다. 그러나 개체에게 소유되지 않는 사상도 존재하지 않는다. 그리고 사상이라면 그것을 낳은 개체에게 속하는 동시에 다른 존재에게도 공유된다.

어떤 사유가 보편적인 까닭은 그것이 뛰어나게 개성적이기 때문이다.

사상이란 한 존재가 범주적 진리가 아닌 개체의 진실을 되도록 온전히 끄집어내고자 기성의 언어를 비틀어낼 때 형상화된다. 루쉰은 어느 시대, 어떤 장소에서도 통할 진리를 말하려 들지 않았다. 루쉰은 자기 사회의 문제를, 자신의 고통을 철저히 그리고 처절하게 파고들었다. 모든 인간적 진실의 보증을 그것이 인간적이라는 조건 말고 어디서 찾을 수 있겠는가. 루쉰의 경우처럼 자신이 몸담은 시대를 향해 토해낸 사상이 이후에도 살아남는다면, 그것은 진실의 힘이 후대의 인간들과 대대로 교섭하기 때문이다. 그 후대인들 가운데는 다케우치 요시미와 쑨거의 이름을 포함시켜야 할 것이다.

반시대적임과 시대적임

동시에 루쉰은 반시대적이었다. 어떤 글은 시대를 반영하기보다 시대에 간섭하고 시대를 거스른다. 루쉰은 개성적이었기에 시대와 불화를 겪었다. 그러나 거꾸로 이렇게도 말할 수 있다. 도드라진 개성에도 불구하고 루쉰의 사유는 그것이 등장할 수 있었던 시대의 일부며, 역설적이게도 시대의 일부가 되기를 거절했다는 점에서 역시 그 일부다. 대신 루쉰의 존재로 말미암아 시대의 음영이 바뀌었다.

　루쉰은 당대에 유행하는 것들과 화해하지 않았다. 기성의 것들과 대립하며 거기서 자기 입지를 구축하지도 않았다. 겉보기에는 비판적이지만 기존의 틀을 서툴게 모방할 뿐이며, 외관은 반역적이나 시대의 리듬에 너무도 잘 부합하는 사고들이 있다. 격동기에는 특히 그런 사고들이 횡행한다. 그러나 루쉰의 반시대성은 그런 게 아니었다. 그는 시대를 통찰하며 시대를 비판했으나 시대를 향한 자신의 비판조차 올바른지 거듭 되물었다. 그렇기에 그는 진정 반시대적일 수 있었다.

루쉰은 시대의 선각자가 아니었다. 시대를 앞서 가지 않았다. 차라리 시대착오적이었다. 그의 반시대성은 여느 선각자들처럼 시대를 비판하며 빠른 걸음으로 시대를 가르고 나아가서 성취된 게 아니었다. 루쉰은 시대보다 반보 뒤처졌다. 루쉰은 자신을 싣고 움직이는 시대의 배꼬리에서 생기는 소용돌이를 끝까지 지켜보았다. 결국 그는 이론가나 철학가가 아닌 문학가였다. 가장 냉철하게 문학의 사회성을 계산하며 뒤처진 문학의 언어로 자신의 사고를 시대에 새겼으며, 그렇게 반시대적이었다.

역설적이게도 루쉰의 사고는 반시대적이었기에 후대인이 계승할 만한 요소를 지닐 수 있었다. 루쉰의 문학은 당대의 상황에서 출현했지만 루쉰 문학의 의미는 당대의 상황으로 환원되지 않는다. 그러나 후대의 인간이 자기 상황에 기대어 멋대로 파고드는 것도 호락호락 허락하지 않는다. 루쉰의 문학은 열려 있되 닫혀 있다. 후대의 끊임없이 새로운 해석을 향해 열려 있는 것은 '닫혀 있음'에서 기인한다. 루쉰의 작품은 덜어내거나 더할 수 없다. 그 자체로 완벽하다는 뜻이 아니다. 시대와 교감하면서도 시대에 씻겨버리지 않을 자신만의 음영을 갖고 있다는 의미다.

그렇게 중국에서 격동의 시대에 한 개체가 고뇌했다. 그 개체의 고뇌는 시간 속의 해체를 극복하고 무시간성의 잔재를 남겼다.

고통과 고독

나를 괴롭히는 고통을 없애주소서. 그러나 내가 존재할 수 있도록 그 고통을 그대로 놓아두소서.

루쉰은 시대와 불화를 겪었다. 그리고 자신과도 불화를 겪었다. 그는 시대의 타성에 맞서고 시대의 흐름을 거슬렀기에 고통을 겪었지만, 그에게 고통이란 스스로 부과한 것이기도 했다. 사상적으로 실존한다는 것은 자신과의 고투를 견뎌내는 일이다. 자신은 자신에게조차 불투명하다. 그것이 문학적 자아다. 아니 루쉰의 문학이 그렇다.

자신의 심연이 눈앞에 펼쳐지면 적막감이 감돌고 결코 길이를 잴 수 없는 고통의 시간이 이어진다. 자신과 자신의 심연이 서로를 응시하는 시간은 더디게 흘러간다. 난관과 고통. 루쉰은 이것들을 체험했다기보다 자기 안에 두었다. 그리고 그것들이 자기 안에서 자라나게 내버려뒀으며, 루쉰의 사상은 그것들과 함께 성장했다. 그리하여 사상을 빚어내는 고통의 한 가지 기원은 고독이다.

고독이란 사변의 정신적 난국을 증언하며 끝없이 복잡한 정신을 유지하는 행위다. 고독할 수 있기 위해서는 격정을 한꺼번에 쏟아내서는 안 되며, 고통을 어루만지기보다는 섬세하게 파고들어야 하며, 사고력을 정밀하게 사용해야 한다. 그래야 진정 사상적 의미에서 고독할 수 있다. 사상적 고독은 인내의 산물이다.

그러나 우리는 좀처럼 고독한 상태에 이르지 못한다. 혹은 우리가 고독이라 부르는 것은 정신의 정체 상태에 머물며 외부와의 교류를 거부하려는 서툰 몸부림이다. 사상적 고독은 보호막처럼 기능하는 고독마저 찢어버린다. 그리하여 사상적 고독에는 자신과의 결투가 필연적으로 동반하는 그늘이 드리운다. 루쉰의 그늘은 두께를 지니며, 그 두께를 측량하기란 어렵다. 그늘에서 한 줄기 빛으로 솟아나온 말들을 통해 그 두께를 짐작해보는 수밖에 없다.

말을 신용하지 않는 자

> 문학은 단 하나의 말을 토해낼 뿐이나. 그 단 하나의 말을 토해내려면 타오르는 불길을 손으로 거머쥐어야 한다. 그 행위 없이는 우주의 광대함조차 내게는 공허하다.

다케우치 요시미의 말이다. "불길을 거머쥔다"는 행위나 "우주의 광대함"으로 비유된 허무의 감각은 매혹적이다. 그러나 나는 익숙한 단어에 주목한다. 그것은 문학이다. 이 문장을 적을 때 다케우치 요시미는 루쉰의 문학을 떠올렸을 것이다. 그리고 이때의 문학이란 철학, 정치학과 대비되는 하나의 장르를 뜻하지 않는다.

루쉰의 문학이 무엇인지를 말하기는 어렵지만, 그의 문학됨을 이루는 한 가지 요소는 밝힐 수 있다. 그것은 말에 대한 감수성이다. 루쉰은 말한다는 행위에 무력감을 느꼈다. 아무리 화려하게 치장한 말도 자연에 생채기 하나 내지 못한다. 말은 사물의 그림자를 만질 따름이다. 하여 루쉰은 말을 신용하지 않았다. 자신의 발언조차 믿지 않았다. 자신의 발화를 자명하게 여겨 논리의 성을 구축하는 것은 철학의 몫이며, 사회를 설계한다면 정치의 몫이며, 남들을 계도한다면 종교의 몫이다. 결국 문학의 몫이 아닌 것이다.

한 사상가가 자신의 발화를 자명하게 여겨 더 이상 거리낌을 갖지 않는다면, 사상은 어느덧 상업성을 띠는 선교가 된다. 그것은 문학의 몫이 아니다. 적어도 루쉰의 문학은 말에 대한 회의와 자신조차 불투명하게 대하는 고독 속에서 출현할 수 있었다.

그러나 신용할 수 없더라도 자신의 사고가 세계와 맺어지는 일점이 바로 말이다. 말하는 일에 무력감을 느끼고 자신의 말에 회의를 품기에 말을 최후의 거처로 삼을 수는 없지만, 또한 사고는 말로써만 형形을 취해 현실에 닿을 수 있다는 역설적 진실이 존재한다. 그리하여 루쉰은 말을 믿지 못하고 말에 배반당할 일을 경계하되 말에 끊임없이 생명력을 주입하고자 노력했다. 사물의 세계가 말의 세계에 반응하고, 말이 그 흔들리는 경계를 넘어 사물을 만지려면 말 역시 한 자락의 빛이 되어야 한다.

그리고 말에 대한 이중의 자각은 시대를 움직이고자 하나 자기 뜻대로 시대를 바꿀 수 없다는 이중의 의식과 맞닿아 있었다. 그리하여 루쉰은 자신의 시대를 향해 말로써 어떤 해결책을 내주려고 하지 않았다. 철학적이거나 정치학적이거나 종교적인 답 대신 문학으로 자신의 물음을 시대에 새겼다. 그의 문학이 시간이 지나도 씻겨 나가지 않았던 것은 그의 자의식이 시대 의식에 비해 크지도 작지도 않았기 때문이다. 루쉰은 시대의 일부였으며, 그 스스로 어떤 시대였다.

어떤 이들의 사색은 더 이상 올라갈 데가 없으리라고 여겨지는 그 존재만의 정점에 달한다. 정점까지 올라간 말들은 의미를 거의 잃어버릴 정도로 떨고 있다. 절망의 표현은 아니지만 절망적일 만큼 긴박하다. 무의미하지는 않지만 동요하고 있어 의미를 고정시키기가 어렵다. 그 말에서는 유려함보다 결기가 느껴진다. 그처럼 극한을 헤매는 말들을 접하면 감동을 받지만, 감동의 내용을 설명하기란 어렵다. 문학의 언어이기 때문이다. 내게는 루쉰의 글이 그러했다.

열려 있되 닫혀 있는 작품

루쉰은 시대 속에서 그리고 자신 속으로 정신의 망명을 떠났다. 정신의 고향을 상실한 자가 글을 쓴다면 그것은 자신의 거처를 마련하기 위함이다. 그러나 거처는 건축물의 모습을 취하지 않는다. 그의 정신은 황량한 광야 같았다. 결국 루쉰의 작품들은 머물 장소가 아니라 광야 위에 세운 자신의 이정표였다. 생의 시간과 힘을 아껴가며 문자를 새겼건만 붓을 놓았을 때 그는 포만감을 느끼지 못했을 것이다. 차라리 마지막 행을 끝마쳤을 때 전쟁 기념비가 하나 늘었을 뿐이다. 남들은 그 기념비를 보며 찬사하거나 비방한다. 그러나 루쉰은 다음의 전투를 향해 또다시 광야를 터벅터벅 걸어간다.

루쉰의 작품을 보면 문장 구조가 복잡하게 얽혀 있다. 내적인 전투의 흔적이다. 그의 글에는 다른 표현으로 옮기거나 추상하는 것을 가로막는 난해함이 있다. 다른 표현으로 옮기거나 추상하면 반드시 무언가가 남는다. 자전적 성격의 잡감조차 전기적·서술적·일화적 연속성을 파괴한다. 글의 흐름은 직선적이지 않다. 불연속한 단편들의 폭포다. 그 폭포들을 응시하노라면 일순 불가사의한 각도에서 새로운 사상의 단편이 나를 쳐다본다. 힐끗 쳐다보기만 해도 단편은 이미 단편이 아니다. 그것은 순식간에 확대되어 나의 이해를 삼켜버리려 한다.

그렇게 한 문장 한 문장을 읽는 것은, 문장들과 부대끼는 것은 강렬한 체험이다. 그러나 한 작품의 전체상을 이해하기란 너무나 벅차다. 루쉰 작품은 순수한 영혼이 아니라 건강함도 쇠약함도 기운참도 쇠잔함도 지니고 있는 육체다. 그의 작품을 읽는다는 것은 그 육체성의 경험이다. 만약 영혼이라면 몹시 긴장된 영혼이며 위대하게 몰락하는 영혼이다.

루쉰의 작품은 닫혀 있다. 거기에는 밤을 지새우게 만드는, 그러나 끝내 읽어낼 수 없는 중심이 있다. 그의 작품을 대하는 것은 논리를 좇는 일이 아니라 구球의 본질에 접근하는 일이다. 완곡하고 불투명하고 다음성

적이며, 무겁고 **빽빽**한 구의 두께를 파고드는 일이다. 희망과 허무, 천국의 반구半球와 지옥의 반구가 결합되어 있으나, 한순간 뒤집혀 위에 있던 것은 낮아지고 낮게 깔려 있던 것들이 불현듯 치솟는다. 작품은 현실로 다가가거나 현실을 반영하기보다, 표면에서 중심으로 옮겨가고 옮아오며 희망과 허무 사이를 왕복하는 자기운동을 통해 의미의 블랙홀을 만들어 현실 곁에서 현실의 피질을 빨아들이고 벗겨내 현실의 민낯을 드러낸다.

그 체험을 위해 정신의 물이 바닥날 때쯤 나는 루쉰의 작품을 들고 루쉰의 망명길을 따라 여행을 떠났다. 결국 그 여행에서 흘러든 물로 이번 여행들을 기록할 수 있었다.

시선들

사람들은 저마다 자신의 언동을 비추는 거울을 한 장씩 갖고 있다. 그리고 머릿속에는 사진사가 동거하며 자신의 모습을 기록해둔다.

일본에서 외국인으로 지내는 동안 거울은 나를 제대로 비추지 못했다. 거울의 표면은 깨끗하지 않고 얼룩져 있어 이게 타인도 보고 있는 내 모습인지 혼란스러웠다. 머릿속 사진사가 쥔 카메라도 오작동했다. 잠들 무렵 낮 동안 찍힌 나의 사진들을 순서대로 꺼내 들여다보면 서사가 헝클어져 있으며 조리가 서지 않는 장면들이 많았다.

중국으로 떠난 여행도 본질적으로 그러했다. 여행을 길게 다니면 의미의 지대가 갈라진다. 상황에 내맡겨진 체험은 의미가 불분명하며, 나의 말과 행동인데 그 의도가 무엇인지 스스로에게도 명확치 않다. 주의를 기울이는데, 무엇에 주의를 기울이는지 알지 못한다. 무언가를 감추고 있는데, 무엇을 감추는지 알지 못한다. 남에게서 감추려는 것인지, 나에게 감추려는 것인지도 모호하다. 내면과 외면, 숨겨진 것과 드러난 것이 뒤집히고 그것들 사이에 생리적인 오차가 생긴다.

그러나 그렇기에 정신이 단련되기를 바라고 감수 능력을 담금질하기 위해 책상을 떠나 모어 문화 바깥으로 나오지 않았던가. 육체가 부유하는 동안 체험도 의미로 정착하지 못해 의미와 무의미 사이를 유동한다. 그러나 그런 조건에도 불구하고, 아니 그 조건을 통해서만 여행에서는 전에 의미라고 여겨왔던 겉껍질을 벗겨내고 전과는 다른 의미의 지대를 만날 수 있는 것이다.

이번에는 그렇게 중국과 일본을 돌아다녔다. 중국과 일본에서 여행하고 체류하는 동안 타인의 의식이 나의 자의식에 스며들었다. 지금은 루쉰에 대해 되는 대로 감상을 적을 뿐이지만, 머릿속 거울을 불투명하게 만든 얼룩들은 보다 여러 존재가 남긴 흔적들이다. 그런 타인의 시선들이 내가 나를 보는 시선에 끼어들었다. 이 책의 절반은 그들과의 만남의 기록이다.

그 시선들을 통해 이제야 나는 나 자신의 고통을 본다. 어쩌면 나보다도 더 오래 살지 모를 고통에 눈을 뜬다. 응시한 다음에야 외면할 수 없다. 어쩌면 고통스러운 척 시늉하는 법을 익혔을 뿐인지도 모른다. 그것이 고통인지 고통의 흉내인지 분간할 수 없지만, 거기가 내가 다시 나와 만나는 지점이며, 다시 정신의 여행을 떠나야 할 곳이다.

그간 썼던 글들을 꺼내 읽어본다. 문장들에서 수사를 걷어내고 남은 것들을 두 손으로 쥐어짜면 그 의미란 손 하나를 다 채우지 못할 만큼 궁핍하다. 문장의 악력이 떨어지기에 본질적인 의미를 움켜쥐지 못하거나, 혹은 지나치게 세게 쥐어 의미를 훼손해버리곤 했다. 지금의 이 글도 그 혐의에서 자유롭지 않다.

그러나 비록 이번에 성사시키지 못하더라도 앞으로의 여행기만큼은 문장을 빚어내는 다른 감각을 익히고 싶다. 그 미래의 글에서 문장은 한 줄로 흘러가지 않고 종속의 논리, 단일한 운동을 깨고 매 문장마다 멈추고 새로 시작하기를 거듭한다. 어떤 문장은 급류처럼 흐르고 어떤 문장은 줄타기를 하는 광대처럼 아슬아슬한 균형을 취하며 잠시 멈춰 있다. 문장들은 나름의 욕정을 지닌 생물과 같을 것이다. 그러면서 문장들은 떨어지고, 다시 쥐어지고, 층이 쌓이고, 벗겨져나가면서 고유한 공간을 구성할 것이다.

지금 방랑하는 경험이 미래에 쓰일 글 속에 깃들기를. 그 글이 여행과 닮아가기를.

동아시아를 공부/여행하는 일, 그리고 오키나와

표현의 관성

바깥에 나가 그 나라 말을 배우는 일은 흉내의 연속이다. 처음에는 남이 하는 말을 듣고 그 어휘나 표현구를 어색한 대로 더듬거리며 흉내 내다가 차츰 몸에 익혀 필요할 때 꺼낼 수 있는 무기로 삼는다. 그 발음을 따라하면서도 과연 내 발음이 온전한 의미로 상대에게 전달될지 불안하지만, 성공을 거듭하면 편하게 부릴 수 있는 어휘와 표현구가 된다. 그렇게 숙달되어가면 그 어휘나 표현구가 처음에 안겼던 어색함이 가신다. 일본에서 일본어를 배우는 동안 흉내 내는 기술이 많이 늘었다.

하지만 그 기술보다도 중요한 자각을 얻었다. 외국어를 익히는 과정은 모국어라 할지라도 어떤 추상 개념을 활용하는 일과 비슷한 구석이 있다. 쥐어짜내야 그나마 힘겹게 전달할 수 있었던 외국어 표현들이 어느새 몸에 익으면 어학 실력은 붙은 셈이나 그 언어로 인해 경험해야 했던 날것의 피부 감각은 잊히고 만다. 처음에는 일본어로 수시간을 내리 떠들면 얼굴 근육에서 경련이 일고, 힘이라도 부치면 혀는 헛돌고 이어나갈 다음 말은 영 떠오르지 않았다. 이제 그 단계가 지나 어휘를 떠올릴 때 더 이상 미간을 찌푸리지 않고, 다른 사람이 느닷없이 말을 건네도 두근거림이 덜하다.

이런 경험은 개념으로 세계를 분절하고 이해하고 구성하는 학문의 영역에도 적용될 수 있지 않을까. 애초 생경했던 어떤 개념은 점차 익숙해지면 이윽고 능란하게 구사할 수 있는 무기가 된다. 하지만 굳이 '자각'이라고 불러본 까닭은 그 과정에서 따르는 의도치 않은 손실을 주목하게 되었기 때문이다. 만약 애초에 그 개념에서 느꼈던 거리감, 긴장감을 잃어버려 그 '무기'가 사고를 다듬기보다 안이하게 만드는 데 쓰인다면, 오히려 그 무기는 결국 부리는 자를 상처 입힐지 모르기 때문이다.

일본에서 체류하며 얻은 값진 수확, 그것은 익숙한 모국어 개념이라도 자신의 사고를 그 개념에 안이하게 의탁한다면, 그리하여 개념과의 거리 감을 유지하지 못한다면 그 개념과의 긴장감을 잃고 만다는 사실을 자각하게 된 것이었다. 모국어, 즉 한국어로 말할 때면 머리와 입과 몸짓 사이에 간극은 크지 않다. 생각대로 표현을 구사하고 몸도 자연스럽게 반응한다. 잘못 새어나간 말이 있더라도 몸에 익은 수사들로 그럴듯하게 넘길 수 있다. 추상도가 높은 개념어를 활용해도 어렵잖게 공감대를 이끌어낼 수 있다.

하지만 외국어로 말할 때는 그렇지 않다. 어떤 추상적 개념을 익혔더라도 그 개념의 언저리를 표현해낼 수 없다면, 그 개념에 담으려던 나의 감각은 상대에게 좀처럼 전달되지 않고 개념은 개념인 채로 공허해진다. 더구나 알고 있는 어휘가 많지 않은 상황에서 꺼낼 수 있는 표현이란 빈약한 어휘들의 조합뿐이니 말이 길어지면 비약도 쌓여간다. 한번 시작된 말은 좀처럼 수습되지 않고, 알고 있는 단어들을 밟고서 어렵사리 의미의 강을 건너가보면 애초 의도와는 다른 목적지에 도착해 있다.

외국어 배우기가 어렵다는 말을 늘어놓을 작정은 아니다. 오히려 언어 능력의 제약이 내게 안겼던 그 간절함, 상대에게 나의 생각과 실감을 어떻게든 전하고자 애썼던 그 간절함에 비하건대 익숙한 모국어를 조건으로 삼을 때면 오히려 스스로의 논리적 비약을 민감하게 의식하지 못하며, 자기표현을 짜내지 않고 적당히 추상도가 높은 개념어에 생각을 맡겨도 상대에게 전달되리라는 어떤 사고의 안이함이 발생하는 것은 아닌지 묻고 싶은 것이다.

물론 이런 가설은 섣부르며, 모국어와 외국어를 섞어 쓰지 않는 이상 좀처럼 검증하기 어려운 일이다. 하지만 개념에서 개념으로 비약하는 담론, 한국어인데도 땅에 뿌리를 내리지 못하는 표현들을 나는 자주 경험하고 있다. 무엇보다 내게서 경험한다. 남들과 대화하며 술술 지어낸 말들, 하지만 조금 지나면 공허하게 흩어져버릴 말들은 그런 혐의가 짙다. 나는 외국어 학습에 빗대어 그 점을 문제 삼고 싶은 것이다.

그래서 나는 모국어로 말을 하는 경우에도 어떤 개념을 사용했을 때, 그 말에 내가 담은 사색과 감각이 상대에게 온전히 전달되리라는 기대를 의심하려고 했다. 같은 개념이라도 문제의식의 두께, 실감은 사람마다 다르다. 심지어 한 사람의 발언 안에서도 한 개념의 무게는 수시로 바뀐다. 그렇듯 온전한 발신이 실패할지도 모른다는 사실에 민감해지고 싶었다.

또한 왜 그렇듯 철학적이거나 추상적인 개념에 의존하려는지, 왜 말을 이어가지 못한 자리를 서둘러 수사로 마감하며 안주하려는지, 그렇듯 기성의 말이 멈춘 자리에서 어떻게 표현을 짜낼 수 있는지, 만약 새로운 표현을 개발해낼 능력이 없다면 그 무능함을 어떻게 대상화하여 거기에 표현을 입힐 수 있는지를 스스로에게 묻고 싶었다.

하지만 다부지지 못한 내게 모국어 환경 안에서 그 물음들을 간직하고 시도하는 일이란 쉽지 않았다. 모국어 안에서는 표현의 관성에 이끌렸으며 표현 감각을 민감하게 담금질하기가 어려웠다. 내게는 내 입에서 나오는 말이 스스로에게 어색해지는 경험이 필요했다. 말이 끊기고 '생각하다'와 '말하다' 사이의 관계를 새로 짜내야 하는 척박한 환경이 필요했다. 사후적으로 알게 되었지만 일본 체류는 내게 그런 환경을 제공했다. 그리고 그 경험은 또 다른 문제의식의 지평으로 나를 인도했다. 그것은 동아시아였다.

동아시아라는 지평

지금 누군가가 내게 무엇을 공부하는지 묻는다면 "동아시아"라고 답한다. 하지만 구체적으로 동아시아의 어느 시대, 어느 지역을 다루느냐고 묻는다면 더 이상 답하지 못한다. 왜냐하면 내게 동아시아는 목적어, 즉 '동아시아'를 공부한다기보다 동아시아라는 지평에서 공부한다는 의미이기 때문이다.

내게 동아시아는 지리적 실체를 가리키지 않는다. 내게는 언어 감각을 되묻기 위한 장, 실감과 논리 사이의 괴리를 사고하기 위한 장이 필요했다. 그 장이 바로 동아시아다. 그리하여 누군가가 구체적으로 무엇을 공부하느냐고 묻는다면 답할 수 없지만, 만약 시간이 허락되고 상대가 들어준다면 무엇을 공부하는지가 아니라 차라리 왜 동아시아라는 지평과 나의 공부를 애써 포개서 사고하려고 하는지를 자신의 체험에 기대어 말할 수 있을 따름이다.

그 체험 가운데는 '동아시아'를 주제로 열렸던 두 차례의 심포지엄이 있다. 2005년 11월 서울에서는 "계속되는 동아시아의 전쟁과 전후—오키나와전, 제주 4·3사건, 한국전쟁"이라는 심포지엄이 열렸다. 이 자리는 태평양전쟁 말기의 오키나와 전투, 제주 4·3사건, 한국전쟁의 연관성을 짚어나가면서 태평양전쟁과 식민지 해방의 전후로 이어져 있는 폭력의 연쇄를 탐색하는 자리였다. 특히 냉전 체제가 성립되기까지의 폭력을 한국과 일본에서 주변화된 지역인 제주와 오키나와의 경험을 통해 조명했다는 점에서 뜻깊은 자리였다.

이 심포지엄에는 주로 한국과 일본의 연구자들이 참가했는데 말은 잘 섞이는 분위기였다. 그리고 거기에 매개가 된 것이 저 세 가지 사건에 모두 관여하고 있는 '미국'의 존재였다. "그런 일이라면 이쪽에는 이런 사례가 있었습니다." 미국이 제주를 포함한 한반도와 오키나와에 안긴 폭력은, 그날 한국과 일본의 연구자들이 서로를 마주볼 수 있는 계기로 작용했다.

바로 이어서 2006년 1월 동경에서는 "동아시아의 역사와 주체를 생각한다"라는 심포지엄이 열렸다. 논의는 사흘간 이어졌다. 첫째 날은 '동아시아를 어떻게 사고할 것인가'라는 인식론의 문제가 제기되었고, 둘째 날은 '중국 혁명의 경험을 어떻게 동아시아 공동의 유산으로 받아안을 것인가'라는 물음이 주제로 놓였다. 그리고 마지막 날은 일본 사회의 마이너리티, 그중에서도 재일조선인 문제가 다뤄졌다.

여러 사건이 있고 무척이나 복잡한 심경을 안겼던 심포지엄이었지만 마지막 날만을 가지고 말한다면 그때의 분위기는 서울에서 이뤄진 자리와는 사뭇 달라서 격정적인 논의가 오갔으며, 일본 측에서 참석한 연구자들과 한국 측에서 온 연구자들은 각기 다른 난처함에 처해야 했다(이는 또한 개인마다 달랐겠다). 서울의 화기애애한 자리와는 달리 이날 재일조선인의 존재는 한국과 일본이 그렇게 쉽사리 마주볼 수 없음을, 마주보고 있다고 여기는 순간에도 응시의 시선에서는 누락되어 그늘진 자리로 남는 영역이 있음을 상기시켰다. 앞서의 한국－일본－미국의 삼항이 한국과 일본의 연구자에게 연대의 폭을 넓혀주었다면, 한국인－일본인－자이니치의 삼항은 한국과 일본의 연구자들에게 국경을 넘는 행위란 절실히 요청되는 동시에 간단히 성사될 수 없음을 일깨워주었다.

이것이 동아시아라는 지평에 관심을 갖게 된, 아니 동아시아라는 지평을 내게 요구한 한 가지 에피소드다. 즉 저렇듯 다른 삼항(한국－일본－미국, 한국－일본－자이니치) 사이의 쉽사리 포개질 수 없는 관계, 연대가 외처지는 상황 속에서 늘 잠재하고 있는 균열, 지식에 기대어 결코 말끔히 정리해낼 수 없는 유동적인 정체성과 감정의 틈새. 그리하여 동아시아란 내게 연구 대상이라기보다 나라는 존재의 위치를 문제시하는 지평이었다. 그리고 그 지평 속에서 내가 종종 입에 담던 개념들, 가령 시간/공간, 주체/타자, 근대/탈(반)근대, 국가/지역, 이론/역사 등은 복잡한 반응을 일으켜 다른 빛깔을 띠게 되었다. 이것이 무엇을 공부하느냐는 물음에 내가 어떻게든 '동아시아'라고 답하게 된 이유다.

지식의 세 가지 성격, 그리고 아시아 여행

동아시아라는 지평은 말의 감수성을 다시금 담금질하는 사고의 무대가 되었다. 개념적 지식들은 이따금 갑옷처럼 느껴질 때가 있다. 그 지식들은 바깥 세계로부터 상처 입지 않도록 나를 보호한다. 낯선 대상 그리고 유동하는 상황 속에서도 혼란을 겪지 않도록, 나는 개념들을 통해 대상과 상황을 알 만한 형태로 분절할 수 있다. 그러나 갑옷을 계속 껴입고 있으면, 여러 개념적 지식으로 치렁치렁 무장하고 있으면, 그 무게에 나의 사고력이 짓눌릴지 모른다.

특히 나와 같은 인문사회과학 연구자들은 지식의 언어를 매개 삼아 대상과 자기 사이에 관계를 만든다. 하지만 때로 지식의 언어로 이루어진 매개는 응고되고 실체화되어 픽션으로서의 기능을 잃어버린다. 그러면 매개로서의 기능을 상실해 그 말이 원래의 대상을 대신해 스스로 대상이 되어버리는 역설이 발생한다. 말에 배신을 당한다 함은 내게는 대개 이런 상황으로 다가왔다. 그리하여 나는 지식의 여러 면모를 구분해서 사고해야할 필요를 느꼈다. 어떤 구도 위에서 지식을 추구하고 대상과 관계 맺는지를 스스로에게 묻기 위해 지식 행위 자체를 분석해야 했다.

만약 지식을 지적 주체와 지적 대상, 그리고 지적 환경 사이의 산물이라고 생각해본다면, 적어도 세 가지 다른 지식의 성격을 구분해낼 수 있다. 정합성과 기능성, 그리고 윤리성이다. 우선 지식과 지적 대상 사이에서는 정합성이 관건으로 놓인다. 정합성이란 그 지식이 증명과 분석 등을 통해 지적 대상을 얼마나 정확히 설명해내느냐의 문제다. 대개의 경우 지식의 질은 정합성에서 판가름 난다. 하지만 지식에는 그것 말고도 기능성과 윤리성이라는 성격이 있다. 기능성이란 그 지식이 지적 환경에 어떤 식으로 작용하는지의 문제다. 가령 정합성은 낮지만 기능성은 높은 지식이 있을 수 있다. 마르크스의 『공산당 선언』은 『자본론』보다 논리적 밀도는 떨어지지만 많은 문제의식을 촉발시킬 수 있었다.

끝으로 윤리성은 지식과 지적 주체의 관계를 묻는다. 물론 지식은 지적 주체가 생산하지만, 지식의 윤리성이란 그 지식이 지적 주체 바깥에 머물지 않고 그 지식을 매개 삼아 지적 주체 자신이 변화할 수 있는지와 관련된다. 지식의 윤리성은 정합성이나 기능성과 달리 지식을 평가할 때 좀처럼 부각되지 않는 요소다. 하지만 사고의 습속과 표현의 관성에 대한 회의는 내 경우 지식의 윤리성에서 비롯되었다. 나는 진정한 체험으로서의 의미를 지니는 지식 행위를 갈구했다.

한 가지 더 밝혀두고 싶은 것이 있다. 지식에 대한 이런 구분은 여행의 체험에 빚지고 있다. 여행은 낯선 맥락과 대면하는 일이다. 그 대면 속에서 배경지식을 통해 낯선 맥락을 이해할 수도 더 깊이 파고들 수도 있다. 하지만 여행의 진정 중요한 가치는 여행이 자신의 감각과 감수성에 육박하는 체험이 되는 것이다.

물론 여행은 체험이다. 하지만 그 체험은 마치 높은 자리에서 낯선 맥락을 내려다보는 체험이 될 수도 있고, 곁에서 그 맥락과 부딪치는 체험이될 수도 있다. 전자라면 여행의 체험은 그 장소에 대해 알고 있던 내용을 확인하거나, 낯섦도 낯섦인 채로 여행자에게 감상의 편린으로 머물 뿐 충격으로 전해지지 않을지도 모른다. 그러나 후자, 즉 내려다보는 여행이 아니라 현지 삶의 복잡한 결들과 부대끼는 여행이라면 그때 여행은 세계를 대하던 기존의 표상들을 착란에 빠뜨리고 새로운 물음을 낳는 체험이 될지 모른다. 나는 그것을 여행의 윤리성이라 불러보고 싶다.

자기 체험을 소재로 삼아 거기서 생각의 자원을 건져내는 장이라는 의미에서 학문과 여행은 공동의 토대를 지닌다. 체험에 육박하지 못하고 감정으로 고양되지 못하는 학문과 여행은 생명력을 갖지 못한다. 대신 날것의 체험과 감정이라면 다른 이들과 공유할 수 없다. 그리하여 자칫 지식과 개념에 걸러질 수 있는 개체의 체험과 감정을 소중히 다루되, 사변적 언어로 그 체험과 감정을 정제하지 않고 개체가 지닌 개성을 훼손하지도 않으면서 다른 이들과 공유할 수 있는 표현을 일궈내야 한다. 바로 여행이 내게 안기는 사고의 실험이자 여행이 공부로서의 의미를 갖는 이유다.

그리고 아시아, 아시아는 워낙 큰 세계의 이름이라서 그 규모를 감당할 자신이 없지만, 인근의 아시아 지역으로 여행을 떠나는 일은 더욱 민감한 감각을 요구한다. 가령 중남미에 간다면, 그곳 사람들의 시선 속에서 나는 그저 한 명의 동양계 인종으로 뭉뚱그려지겠지만, 일본이나 중국으로 여행을 가면 이야기는 달라진다. 시선으로부터의 자유는 줄어들고, 눈에 밟히는 풍경은 한국의 상황과 좀더 자주 겹쳐서 떠오른다. 나는 현지의 맥락에 더욱 부대끼게 된다.

이 지역에서 살아가면서 아시아를 이해한다 함은 자기가 포함된 타자

인식에서 출발하지 않을 수 없다. 인식 주체와 대상 혹은 타자가 매개 없이 동떨어져 있는 게 아니라 유동적 상황에서 한데 얽혀 있다. 따라서 대상에 대한 인식은 대상을 거쳐 내게로 되돌아온다. 그런 의미에서 아시아 여행은 바로 저 '윤리성'이라는 화두를 자신에게 시험할 수 있는 계기였다. 아시아 연구자인 내게 "아시아를 공부하다"와 "아시아를 여행하다"는 크게 다르지 않은 의미며, 그렇게 되기를 바라고 있다. 그로써 여행과 학문의 의미가 함께 바뀌기를 바라고 있다.

할머니의 표정

2007년 여름 오키나와로 향했다. 〈아시아·정치·예술〉이라는 행사가 오키나와에서 열렸다. 장소는 마루키 미술관. 오키나와를 무대로 활동하는 화가와 다큐멘터리 작가로부터 마루키 부부의 작품 세계에 대한 이야기를 들을 수 있는 기회였다. 전시실에는 묘하게 금속성 느낌이 강한 추상화가 여러 점 걸려 있었다. 흙빛과 핏빛의 강렬한 색채가 무엇을 뜻하는지 알 것 같았다. 그러나 상영된 다큐멘터리는 오키나와 방언으로 가득해 좀처럼 알아들을 수가 없었다.

지금도 선명히 기억나는 것은 본 행사가 끝나고 이어진 오키나와 전통 춤 공연이었다. 일흔을 넘기신 어느 할머니가 청중을 가르고 무대 한복판으로 느릿느릿 걸어 나오시더니 오키나와 음악의 장단에 맞춰 춤사위를 펼치셨다. 한 번은 왼쪽, 한 번은 오른쪽으로 두 손을 모아 꺾어서 터는 동작과 할머니의 익살스러운 표정에 감상하는 동안 몇 번이나 웃었다. 아마도 오키나와인의 해학성을 담은 춤이겠거니 짐작했다.

공연이 끝났다. 그리고 할머니가 춤의 유래를 설명해주셨다. 말씀에 따르면 태평양전쟁 당시 학도병으로 끌려간 오라버니가 전장에서 돌아오기를 기리는 춤이었다. 전쟁이 끝났지만 돌아오지 않는 오라버니, 예감 속에서는 이미 같은 세상에 있지 않을 그 오라버니를 기다리며 바닷가로 나가 수년, 수십 년을 춰온 춤. 그 말씀을 듣는 동안 몇 차례나 크게 웃었던 일이 죄송스러웠다. 내 웃음소리는 왜 그리도 큰지.

하지만 내가 본 할머니의 표정에는 분명히 어떤 해학성이 깃들어 있었다. 죄송함도 죄송함이지만 전혀 헛것을 본 게 아닌지 궁금해서 망설인 끝에 질문을 드렸다. 할머니께서 말씀하셨다. "계속 이어지는 신산의 세월, 슬픔만 끌어안고 살아갈 수는 없는 노릇이다. 학생이 내 표정에서 본 것은 아마도 그 여러 감정의 한 가지일 것이다."

쉬는 시간, 한 친구가 미술관 옥상에 가보라고 일러주었다. 올라가보니 뜻밖에도 바로 미술관 건너편에 있는 미군 기지가 내려다보였다. 마루키 미술관은 〈원폭의 그림〉, 〈오키나와 전쟁의 그림〉 등 반전 작품을 그린 마루키 이리, 마루키 토시 부부를 기념해 세워졌다. 어려운 싸움 끝에 굳이 이곳 미군 기지 옆에 미술관의 터를 잡았다는 전언이었다.

애초 나흘 일정으로 방문했지만, 행사가 끝나고 체류를 열흘로 늘렸다. 좀더 머물면서 할머니의 표정을 이해할 만한 단서를 찾고 싶었다. 그렇게

진품을 보지 않으면 그 장대함을 알 수 없는 그림이 있다. 역사를 모른다면 그 깊이를 짐작하기 어려운 그림도 있다. 〈오키나와 전쟁의 그림〉은 크기에서도 의미에서도 대작이다. 그리고 세부적인 장면 장면은 너무도 격렬하다. 아직 살아 있는 인간인 듯, 주검인 듯, 영령인 듯 퀭한 눈빛의 존재들이 뒤섞여 있다. 작가가 화폭에 쏟아부은 힘 그리고 감정의 총량을 재기란 어렵다.

오키나와를 여행하는 동안 미군 기지를 곳곳에서 만날 수 있었다. 오키나와 본도의 20퍼센트 이상은 미군 기지로 덮여 있다. 오키나와는 일본 전체 면적의 0.6퍼센트에 불과한 땅이지만 재일 미군 기지의 75퍼센트가 집중해 있는 기지의 섬이었다.

첫 번째 단서는 할머니의 공연을 접한 전시실에 있었다. 전시실 벽의 한 면을 거대한 〈오키나와 전쟁의 그림〉이 채우고 있었다. 그림 속의 죽은 자들, 죽으려는 자들, 죽음을 망설이는 자들 수십 명의 표정들이 전시실을 무겁게 짓누르고 있었다. 그 작품의 중심 소재는 집단 자결이었다.

수십 년간 신산을 핥아온 할머니가 소녀였던 때, 태평양전쟁 말기 오키나와에서는 대규모 전투가 벌어졌다. 1945년 3월 26일, 미군은 게라마 제도를 공략하기 시작해 4월 1일 오키나와 본토에 상륙했다. 6월 23일 총지휘관이었던 우시지마 사령관의 자결로 전투가 끝나기까지 18만 명의 미군과 7만 명의 일본 수비대가 각지에서 격전을 벌였다. 사망자 수 24만 명. 다수의 오키나와 민간인이 학살당했다. 미군이 살해했을 뿐만 아니라 천황을 위해 옥쇄玉碎하라는 일본군의 강압으로 다수 주민이 집단 자결을 해야 했다.

오키나와 평화기념관과 박물관, 미군 기지처럼 오키나와의 과거와 오늘을 엿보고자 돌아다니기를 수일. 그 무게에 지쳐 한가로이 바다에 몸을 맡기고자 이도離島인 자마미 섬으로 떠났다. 하지만 거기서도 집단 자결의 흔적과 마주쳤다. 마을을 구경하다가 한 초등학교 근처에서 집단 학살의 현장이 있다는 표지판을 발견했다. 산길을 따라 이십 분쯤 올라가니 위

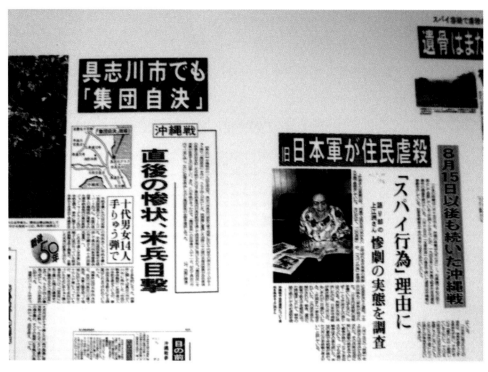

역사교과서에서 집단 자결에 대한 내용이 삭제된 사실을 고발한 오키나와 신문의 보도자료다. 2007년에도 새로운 고등학교 교과서에서 "일본군이 집단 자결을 강제했다"는 표현을 삭제하기로 한 결정에 반발해 오키나와 주민 10만 명 이상이 모여 집회를 벌였다. 오키나와 현의 주민은 100만 명 정도다. 그리고 오키나와 전투에서 오키나와 주민은 공식적인 통계로만 10만 명 가까이 사망했다. 이는 미군(1만)과 일본군 전사자(8만)를 합친 수보다 많으며, 당시 오키나와 인구의 4분의 1에 해당된다. 지금도 오키나와에서 각 가정의 기일은 4월과 6월 사이에 집중되어 있다.

령탑이 나왔다. 내려와 끼니를 때우려고 식당에 들어갔다. 옆자리에 앉은 할아버지께 들은 이야기인데, 2005년에는 자마미 섬의 '집단 자결'을 파헤친 오오에 겐자부로를 향해 자유주의 사관의 우익 단체가 '군명'軍命이 있었는지를 따져보자며 소송을 걸었다고 한다. 오키나와전의 집단 자결 혹은 집단 학살을 둘러싼 '실증성'의 논의는 아직 끝나지 않았다. 살아남은 자들은 가족과 벗들의 죽음을 증언하기 위해 다시 쓰라린 과거를 떠올려야 하는 짐을 짊어지고 있다.

오키나와를 떠나고 나서 한 달 뒤. 오키나와에서는 십수만 명이 모인 항의 행동이 벌어졌다. 일본군이 강요해 집단 자결한 오키나와인에 대한 교과서 기록이 삭제된 것에 항의하여 일어난 집회였다. 아울러 미군 기지를 향한 반대의 목소리를 드높인 항의 행동으로 오키나와―일본―미국의 부조리한 삼각관계가 드러났다.

〈오키나와 전쟁의 그림〉에는 숱한 주검들 곁으로 소도小刀를 들고 품에 안은 아이를 응시하는 어머니가 그려져 있었다. 일본군의 협박으로 그림 속의 어머니는 자신이 죽기 전에 갓 태어난 아이의 목숨을 스스로 거둬야 했을 것이다. 증언에 따르면, 실제로 어머니가 자식을 죽여야 했던 일이 벌어졌다. 하지만 그 짧은 칼로는 쉽사리 사람을 죽일 수 없을 것 같았다. 하지만 동굴 속에서 꼬챙이 하나 쥐고 자결해야 했던 사람도 있다.

오키나와 평화기념관. 남부 이토만 시의 마부니에 위치해 있다. 마부니는 수면에서 100미터 정도 솟아 있는 절벽인데, 태평양의 푸른 바다와 하얀 파도가 내려다보인다. 하지만 이곳은 우시지마 사령관이 자결한 장소

'동양의 하와이'라고 불리는 오키나와는 일본의 변경이자 폭력이 집중된 장소였다. 오키나와는 제2차 세계 대전 당시 미군이 오늘날의 일본 영토에서 유일하게 상륙작전을 개시한 땅이었다. 전후에도 오키나와는 미군 기지에 유린당하며 막대한 대가를 지불했다. 그리고 오늘날 기지 경제는 오키나와 경제의 근간을 이루며 오키나와의 숨줄을 쥐고 있다. 따라서 미군을 몰아내려는 사회운동은 미국의 동아시아 전략, 일본 정부의 정책에 맞서야 할 뿐만 아니라 생존의 곤란함도 해결해야 하는 현실에 직면하게 된다. 오키나와-미국-일본 정부는 여전히 부조리한 삼각관계를 유지하고 있다.

이며, 또한 집단 자결이 일어난 곳이기도 했다.

전쟁에서 죽음이 어떠한 것인지 평화기념관의 한 영상물에서 보고 말았다. 그 장면을 대체 어떻게 촬영했을까. 카메라는 건너편 절벽에 맞춰져 있다. 영상물 안에서 한 여성이 갑자기 절벽 위의 숲에서 뛰쳐나온다. 그 여성은 사력을 다해 달려 그대로 절벽으로 뛰어내렸다. 15분 간격으로 반복 상영되는 영상물의 한 장면이었다.

몇 번이나 그 장면을 다시 보았을까. 그 수초의 장면이 안긴 충격으로 발걸음을 옮기지 못하고 한 시간이 넘도록 같은 자리에 서 있었다. 다시 그 여성이 숲에서 뛰쳐나오더니 바다로 떨어진다. 절벽에서 뛰어내린 여성을 기다리고 있는 것은 처참한 죽음이었다. 그런데도 그 여성은 일순의 망설임도 없이 숲에서 뛰어나온 걸음 그대로 절벽에서 뛰어내렸다. 대체 그녀는 숲 속에서 누구에게 쫓기고 있었기에 멈춰 서지도 못한 채 절벽을 뛰어내려야 했을까.

아마도 미군에게 쫓기고 있었을 것이다. 미군에게 잡히면 죽을 거라고 생각했고, 그래서 도망쳐 절벽으로 뛰어내려 죽었다. 앞에도 뒤에도 결국 죽음뿐인데 대체 미군이 얼마나 두려운 존재였기에 절벽으로 뛰어내리는 선택이 가능했을까. 상상하기 어려운 상황이었다. 다만 그 장면에서는 미군이 오키나와에서 저질렀을 만행과 함께 일본군의 세뇌가 얼마나 지독한 것이었을지를 알 것 같았다. 일본군은 정보가 새어나갈 것을 두려워해 미군에게 잡히면 죽음보다 더 끔찍한 고초를 당할 것이라고 오키나와인들에게 선전했다고 한다.

오키나와 전투는 애당초 일본군에게 승산이 없었다. 일본의 패색이 짙어진 상태에서 오키나와는 시간을 벌기 위한 사석死石에 불과했다. 그 동안 할머니는 고향 땅에서 숱한 이들의 죽음을 목격했고, 그 오라버니는 다른 전장으로 끌려가 영영 돌아오지 못할 넋이 되고 말았다.

헤노코와 대추리

어쩌면 오키나와 전통음악에 맞춰 할머니가 춤으로 그리고 표정으로 보여준 신산의 세월은 오키나와 전투보다 더 오래되었는지 모른다. 오키나와 전통음악은 일본 본토의 음악과 음계가 다르다. 1879년 일본의 현으로 속하기 전까지 오키나와는 류큐 왕국이었다. 류큐는 청나라에 조공을 바치며 중개무역을 했는데, 일본 정부가 군대를 파견해 강제 병합한 것이다. 결국 류큐 복속은 청나라와 일본 간의 외교 문제로 비화되었으며, 청일전쟁의 결과는 조선만이 아니라 오키나와의 운명도 갈라놓았다. 이후 강제적인 동화정책으로 오키나와는 자신의 문화를 잃어갔다. 오키나와 전투 시기에는 오키나와 말로 대화하는 자는 간첩으로 간주하여 처분한다는 명령이 내려지기도 했다.

오키나와 전투가 끝나고 일본이 패전한 후 오키나와는 일본의 주권 아래 있지만 미국의 지배를 받았다. 1947년 6월, 우리에게 낯익은 이름인 당시 일본 점령군 최고사령관 더글라스 맥아더는 "오키나와인들은 일본인이 아니기 때문에 미국의 오키나와 점령에 일본인은 반대하지 않을 것이다'라는 발언을 했고, 이 발언은 여러 신문에 보도되었다. 그리고 그해 9월 그 발언은 '천황의 메시지'라는 사실이 알려졌다. 맥아더에 의해 패전 이후에도 존립한 쇼와 천황은 미군의 오키나와 장기 점령을 희망한다는 내용을 미국의 국무성에 보내는 동시에, 명목상의 주권을 일본에 두고 미국이 조차하는 방식을 취한다면 일본 국민의 이해도 얻을 것이라며 조언을 덧붙였다.

그리고 10월 당시 외무장관 아시다 히토시는 연합군사령부GHQ에 대한 요청을 정리해 극비리에 전달했다. 그 문서에는 "일본의 바깥이지만 일본에 접한 지역의 몇 군데 전략 지점에"on certain strategic points in areas outside of but adjacent to Japan 미군이 주둔함으로써 소련의 위협에 대항할 수 있다며, "평시의 대치는 오키나와와 오가사와라에 주둔하는 미군으로 대신하고, 유사시에만 일본 본토에 미군의 진주를 허가하는" 방식을 취하면, "일본의 독립을 손상하는 일을 피할 수 있다"without compromising Japan's independence고 설명했다.

본토의 시간 벌기를 위해 미군과의 격전지가 되었던 오키나와는 본토를 위해 이번에는 미군의 지배 아래 놓였다. 대신 태평양전쟁의 사석이었던 오키나와는 미군의 통치하에서 태평양의 요석要石으로 변했다. 냉전하의 전략적 거점이 되어 오키나와에는 미국의 군사기지가 대폭 증강되었다. 한국전쟁 이후 1957년 미일 정상회담에서는 일본 본토에서 지상 전투 부대를 철수시키기로 합의되어 육군은 한국으로, 해병대는 오키나와로

●亀谷ノブ子 ●神田幸子 ●儀保登美 ●儀間久美子 ●島袋静子

'히메유리 사건'은 학도병으로 오키나와전에 동원되었다가 숨진 130여 명의 여고생에 대한 이야기다. 그러나 이 사건은 젊은이가 천황을 향한 충성심으로 나라를 위해 목숨을 바쳤다는 식의 이른바 '순국 미담'으로 일본 우익에 의해 왜곡되었다. 일본 본토에서 나온 여러 소설과 영화는 미군의 항복 권유를 의연하게 거부하여 비장하게 절벽으로 일제히 몸을 던져 산화했다는 식으로 그녀들의 희생을 묘사했다. 그래서 적지 않은 일본인들이 그녀들의 흔적을 확인하러 오키나와를 찾는다. 오키나와는 전쟁의 기억에 가위눌렸고 기억의 전쟁을 지속하고 있다.

주둔지를 옮기는 방침이 제시되었다. 그리하여 미국의 아시아 전략에서 일본과 한국, 오키나와는 분업을 맡았다. 일본 본토는 군사적 부담을 덜고 경제적으로 안정화되며, 냉전의 최전선에 있는 한국에는 군사 우선 역할이 주어졌다. 그리고 오키나와는 극동의 군사 거점으로 확장되는 동시에 점령 비용의 효율화를 위해 달러 경제로 전환되었다. 본토에서 이전한 군사기지들이 들어섬에 따라 오키나와 본도의 20퍼센트 이상이 군용지가 되었다.

그리고 1972년 5월 15일, 오키나와는 일본으로 '복귀'되었다. 오키나와의 '복귀'란 국제정치 용어로 풀이하자면 시정권施政權이 미국에서 일본으로 반환되었음을 의미한다. 그러나 '복귀'가 '본래의 모습으로 돌아간다'를 뜻한다면, 그 표현과 오키나와 현실 사이의 간극은 너무나 크다. 우치난추라는 오키나와의 선주민은 미국화에 이은 일본화로 설 장소를 잃어버렸고, 곳곳에 들어선 미군 기지는 오키나와를 유린했다.

1995년에는 미군이 소녀를 강간한 사건이 일어났고, 2004년에는 후텐마 기지에 인접한 오키나와 국제대학에 미군 헬기가 추락했다. 이라크에서 귀환한 헬기였는데 추락하면서 독성이 강한 방사성 부품을 대학 내에 떨어뜨렸다. 안타깝게도 아직 전량 수거가 이뤄지지 않았다. 또한 기지 건설로 인한 환경 파괴가 오키나와에 치유할 수 없는 상처를 입히고 있다. 하지만 오키나와에서 기지 철수 요구는 쉽지 않다. 미군에 종속된 '기지 경제'는 오키나와 경제의 근간을 이루며 오키나와의 숨통을 쥐고 있다.

오키나와를 떠나기 전날 오키나와 현청 앞에서 만난 시위자들을 따라

해노코와 대추리의 철조망. 오키나와는 '태평양의 쐐기돌keystone'이라 불리기도 한다. 쐐기돌은 벽돌로 아치형 건축물을 양쪽에서 쌓아 올릴 때 제일 위 중앙에 마지막으로 집어넣어 전체를 역학적으로 지탱하는 요석을 말한다. 이 요석을 빼버리면 건축물 자체가 서 있을 힘을 잃고 무너진다. 오키나와는 일본의 작은 섬이지만 미국의 아시아·태평양 지역 전략에서 중심적 위치에 있으며, 한국과 필리핀, 타이완 등의 군사적 거점과 연결되어 있다. 또한 그 지역의 상흔과도 이어져 있다. 해노코와 대추리 모두 미군 기지 건설 예정 지다.

기지 건설이 예정된 해노코로 향했다. 일본과 미국 정부는 1997년 후텐마 기지를 대신해 이곳에 헬리포트 기지를 건설하기로 합의했다. 이에 시민들은 주민투표로 반대 의사를 밝힌 뒤 10년 동안 투쟁을 이어가고 있다. 해노코에 도착했지만 도무지 비좁은 바닷가의 어디가 건설 부지인지 알 수 없어서 물어봤다. 그랬더니 철망 너머 바다를 가리켰다. 바다를 메워 미군 기지가 건설될 예정이라는 것이었다. 돌아오는 길, 미군 기지 앞에서 천막 농성을 벌이는 분들을 찾아뵈었다. 거기에 플래카드가 걸려 있었다. "미군 기지 없는 평화를! 평택에서 오키나와까지."

1년 전 이맘때 나는 미군 기지 확장에 반대하는 대추리 주민들과 시민들을 한국 정부가 군대를 동원해 진압하고 대추 분교가 무너지던 날, 그 자리에 있었다. 다음 날이 어린이날이었는데 유치장에서 보냈다. 대추리는 일제강점기에는 일본군의 비행장으로, 한국전쟁기에는 미군의 비행장으로 개발된 땅이었다. 그때마다 농민들은 번번이 농지에서 쫓겨났다. 다시 활주로를 넓히고 이번에는 잠수함도 들어오도록 기지가 확장될 예정이었고, 이제 할머니, 할아버지가 된 그들은 또다시 쫓겨나야 했다.

대추리 주민들은 "올해에도 농사짓자"를 구호로 내걸었다. 대추리 할아버지와 할머니의 소박하지만 절절한, 그 땅에서 살아가겠다는 염원이 담긴 구호였다. 운동은 패배했다. 기지 확장이 시작되었다. 하지만 아직도 할아버지, 할머니는 철망을 넘어 씨를 뿌리고 계시다. 그 소박하고도 억척스러운 일상은, 그리고 오키나와 할머니의 저 알 듯 모를 듯한 표정은 얼마나 무거운 역사를 짊어지고 있는가.

3

홋카이도에서 만난 조선

이산하는 죽음

오키나와 평화기념공원은 전사자의 묘지다. 광장에 가지런히 세워진 검은 석제 묘비는 한 자 한 자 전사자의 이름을 새기고 있다. 광장 뒤편의 기념비는 일본의 각 도시·부·현 단위로 전몰자를 위령하고 있다. 찬찬히 비석들을 훑어본다. 일본인만이 아니라 적국이었던 미군 병사의 이름도 눈에 띈다. 전쟁의 역사를 뒤로하여 민간인과 군인 전사자의 이름이 국적을 불문하고 함께 새겨져 있다.

1960년대 오키나와 현 지사는 미국의 전쟁기념공원을 방문했다. 그는 거기서 제2차 세계대전의 미군 전사자만을 추도하는 모습을 보고는 오키나와에 국경을 초월해 죽은 자를 추도하는 공원을 만들겠다고 결심했다. 오키나와전의 상처를 끌어안고 살아가는 현지 주민의 반대 정서가 없을 리 없었다. 하지만 긴 설득 과정 끝에 평화기념공원이 조성되었다. 이후 매년 8월 15일, 미국에는 승전일이며 일본에는 패전일인 그날이 되면 이곳에서는 기묘한 광경이 펼쳐진다. 일본 시민과 미군 병사는 나란히 서서 자국의 사자를 추도하며 각각 헌화한다.

평화기념공원에는 한국인 위령탑도 세워져 있다. '韓國人慰靈塔'이라는 글자는 박정희 전 대통령이, 비문은 시인이자 사학자였던 이은상 씨가 썼다. 오키나와전에는 1만 명 가까운 한국인 전사자가 있었다고 한다. 위령패에는 한글로 이런 문구들이 새겨져 있다. "순국선열을 기리며", "대한민국 만세", "대한민국은 당신을 기립니다." 위령탑에 가지런히 모여 있는

오키나와 평화기념공원의 한국인위령탑.

석 자의 한국인 이름들을 보면 이곳은 확실히 국경을 넘어선 추도 공간 속에 한국인을 위해 마련된 자리처럼 보인다.

하지만 그런 감상은 일본의 현 단위로 세워진 비문으로 시선을 옮겨 빼곡하게 채워진 넉 자의 이름들 사이로 김金, 이李 등으로 시작되는 석 자의 이름을 발견할 때면 금이 간다. 그리고 다시 한국인 위령탑으로 시선을 옮겨오면 그 이름의 주인들은 저 여러 비문 속으로 흩어져 있는 이름들만큼이나 여러 사연의 죽음을 맞이했으리라는 상념에 사로잡힌다. 하나의 한국인이라는 표상은 흐트러진다.

그들은 조선인으로서, 그리고 일본의 신민으로서 죽어갔다. 미군에게 살해당한 자도 있었을 테며, 미군을 살해한 자도 있었을 것이다. 미군에게 붙잡혀 치욕스럽게 죽기 전에 천황을 위해 옥쇄하라는 일본군의 명령에 자결한 자도 있었을 테며, 그런 일본군에게 저항하다가 죽어간 자도 있었을 것이다. 누가 죽였을까. 죽기 전에 누가 그들의 적이었을까. 그 여러 죽음의 의미는 결코 자명하지 않다. 순국선열을 기린다고 할 때 대체 그들은 어떤 나라를 위해 목숨을 바쳤다는 말인가. 도대체 어떤 나라가 있었기에 목숨을 내놓을 수 있었다는 말인가. 그 위령패에 어떻게 서슴없이 '대한민국 만세'라는 문구가 쓰여질 수 있단 말인가.

죽음의 무게는 비교할 수 없다. 다만 각기 다른 죽음들이 내게 안긴 다른 상념만큼은 말할 수 있다. 한국에 방문한 일본의 시의원들을 가이드해서 서대문형무소에 간 적이 있다. 가이드로서 사전 답방은커녕 사전 조사도 못했지만, 음산한 독방과 전시된 고문 기구, 그리고 사형대는 그 공간

오키나와는 일본 영토에서 유일하게 지상전이 펼쳐진 곳이었다. 그러나 유일한 지상전이 오키나와에서 벌어졌기에 동아시아에서 일본 본토는 유일하게 지상전을 피해갈 수 있었다. 제2차 세계대전에서 미국 중심의 연합군과 일본군은 동아시아 전역에서 지상전을 수행했으며, 이후에는 한국전쟁과 베트남전쟁과 같은 열전이 동아시아에 각인되었다. 오키나와는 동아시아 냉전 속의 열전의 상황에서 자유롭지 않았다. 그렇다면 오키나와의 희생은 일본의 역사만이 아니라 다른 동아시아 지역의 역사와 접목해 사고되어야 하지 않을까.

에 얼룩진 죽음의 의미를 말해주고 있었다. 무엇보다 옥사한 유관순이 그곳의 죽음을 상징한다. 실제로는 복잡했을 서대문 형무소 조선인들의 죽음은 한국 근대사에서 일제에 맞선 저항으로 의미화되었다.

하지만 식민지인의 죽음은 제국의 궤적을 따라 자기 삶의 장소를 떠나 이산離散한다. 태평양전쟁은 '식민지—제국'인 일본의 전쟁이었지 식민지를 배제한 일본만의 전쟁이 아니었다. 그 전쟁에는 전쟁이 끝나고 등장하는 국가의 이름으로는 회수되지 않는 죽음이 있다. 식민지 인민이며 제국의 군인인 이들이 있었다.

중국 대륙에서 어떤 조선인은 중국인을 향해 총부리를 겨눴으며, 동남아시아에서는 현지인을 포로로 감금했다. 일본군은 조선에서 약 3,000명의 청년을 모집해 1942년 8월부터 정식 군인이 아닌 군속의 신분으로 채용하고 동남아시아 각지에서 주로 포로 감시원의 임무를 맡겼다. 태평양전쟁이 끝나고 열린 B·C급 전범재판에는 총 5,700여 명이 회부되었는데, 그중에 148명이 조선인이었고 23명에게는 사형이 언도되었다. 그 23명 중 16명은 통역자였고, 나머지는 포로수용소 감시원이었다. 영화 〈콰이강의 다리〉의 소재가 되었던 연합국 포로의 노동력을 이용한 태면泰緬 철도 공사와 관련해 조선인 35명이 기소되고 그중 9명이 사형에 처해졌다. 식민지인의 죽음은 여기에도 있다(B·C급 전범재판에서 처형되지 않은 조선인 전범은 1952년 샌프란시스코 강화조약 이후 일본 국적을 박탈당한다. 그들은 형이 확정된 시점에 일본인이었다는 이유로 형의 집행이 계속되었으나, 더 이상 일본인이 아니라는 이유로 일본인에게는 지급되는 군인 은급이나 원호 대상에서 제외되었다).

그들의 전쟁 협력을 들추려는 것이 아니다. 지금 내게는 역사가 되었지만, 당시로서는 생존이 걸렸을 그 절박한 상황을 역사의 뒤에 온 자로서 어떻게 쉽게 단죄할 수 있겠는가. 그보다는 그들의 복잡한 죽음의 의미를 지금으로서는 헤아리기 어렵다는 사실에 근거해 사회를 이해하는 나 자신의 감각을 되묻고 싶다.

흔히 사회는 국제 세계의 기본적인 구성단위이며, 세계를 분할하면 자기 충족적인 문화와 정부, 경제를 가진 유기적인 통일체로서의 사회가 나타난다는 상식이 지배적이다. 한 사회와 한 개인은 하나의 국민국가에 속하며, 국제 세계는 복수의 자기 충족적 단위인 '사회=국민국가'로 구성된다. 여기에는 배타적인 동일성의 원리가 깔려 있다. 한 사람이 복수의 국민, 민족, 인종일 수는 없는 것이다. 이처럼 사회를 분할 불가능한 개체individuum로 보는 감각은 개인individual을 분할 불가능한 실체individuum로 보는 이해 방식과 더불어 근대 국민국가의 기본적 논리가 된다. 어떤 사회는 가령 한국 사회이거나 일본 사회이며 어떤 개인은 한국인이거나 일본인이지, 동시에 그 두 가지일 수 없는 것이다.

하지만 어떤 조선인의 죽음은 이 틀에서 비어져 나온다. 제국의 경험은 폭력을 동반한 뒤얽힘을 낳으며, 그 뒤얽힘으로 말미암아 제국의 시대가 끝난 후 출현한 국민국가의 역사로는 회수되지 않는 영역이 생긴다. 개인과 사회와 국가의 관계, 즉 한 개인은 한 사회에 속하며, 한 사회는 한 국가의 것이라는 구도로는 포착되지 않는 영역이 생긴다. 따라서 네이션의 경계를 의미교환의 자명한 단위로 삼아 피彼(일본)와 아我(한국)를 쉽사리 가를 수 없다. 어떤 문제와 섞여 들어가느냐에 따라 개인과 사회와 국가의 관계는 배타적 동일성의 원리로는 사고할 수 없는 복잡한 입체감을 갖는다. 조선은 그저 한국사에 딸려 있지 않다. 어떤 조선은 한국사 바깥에 있으며, 그 조선은 한국인에게도 낯설다.

설원의 동경과 아이누

하지만 오키나와에 머무는 동안 '낯선' 조선은 그다지 의식되지 않았다. 그보다는 가령 오키나와의 미군 기지에서 한국의 현실이 되비치듯 오늘날 한국과 일본 사회를 가로지르고 있는 냉전 폭력의 연쇄 구도가 눈에 밟혔다. '낯선' 조선과의 만남은 차라리 홋카이도에서 발생했다.

오키나와의 여름을 거쳐 그해 겨울 홋카이도에 갔다. 학술 자리는 없고 그저 관광이었다. 홋카이도의 때 묻지 않은 설원이 보고 싶었다. 영화 〈러브레터〉를 봤을 때부터 품어왔던 동경이었다. 영화의 마지막 장면에서 여주인공이 설원을 향해 "오겡끼데스까"라고 외칠 때, 내 가슴은 저미기보다 두근거렸다. 외침이 한없이 울려 퍼지면서도 몇 차례나 메아리로 반향되는 눈 덮인 그 땅의 매력에 마음을 빼앗겼다.

"비는 마음을 씻어주고 눈은 상처를 덮어준다." 고등학생 때 좋아했던 친구가 한 말이었다. 그녀를 좋아하게 만든 말이었으며, 이후로 하늘에서

무언가가 축복처럼 떨어질 때면 교복을 입은 채 홀로 맥주를 홀짝거리게 했던 말이다. 〈러브레터〉에 나오는 인적 없는 그 설원은 모든 것을 덮어줄 그곳이었다. 뽀득뽀득. 나는 사막과도 같이 끝없이 펼쳐진 눈 덮인 대지를 홀로 걷는다. 되돌아보면 걸어온 발자국만이 남아 있을 뿐, 사람의 흔적도 사람이 안긴 상처의 흔적도 그곳에서는 사라지고 정화된다. 그런 이미지를 품고 홋카이도에 갔다.

〈러브레터〉의 배경이었던 오타루에서 돌아오는 전철 안이었다. 오타루는 아기자기하게 아름다운 마을이었지만 거기에 다녀온 것으로는 성에 차지 않아 옆자리에 앉아 계신 분께 여행 정보를 물어봤다. "비교적 가까이 있지만 사람들이 안 가는 설원이 어디 있느냐"며 형용모순의 물음을 건넸다가 대화가 이어졌다. 이야기를 듣다보니 그분은 홋카이도 대학에서 열리는 러시아 소수민족에 대한 강연회에 가는 중이었다. 여기까지 와서 강연을 들으러 갈쏘냐며 잠시 망설였지만 별다른 일정 없이 삿포로로 돌아오는 길이었기에 따라가 보기로 했다.

강연장에 들어섰을 때 처음에는 단상에 일본인 두 사람이 앉아 있는 줄 알았다. 착각이었다. 한 분은 그날의 강연을 맡은 러시아 소수민족 분이었고 다른 한 분은 일본인 통역자였다. 러시아 소수민족은 생김새가 다르리라고 지레 짐작했던 것이다. 강연을 듣다가 알게 되었는데 홋카이도의 선주민 아이누는 '사츠몬인'의 후예며 사할린 지역과 쿠릴열도 등지에는 그들의 후예가 살아가고 있다. 강연자의 삶의 터전은 통역자가 살아가는 홋카이도와 멀지 않은 곳이었다.

강연이 끝나고 질의응답이 이어졌다. 이따금 그런 자리에서 질문이 아니라 당신의 이야기를 잔뜩 늘어놓으시는 할아버지가 계시다. 그날도 그런 분이 계셨다. 그곳에서 오가와 류키치 씨를 만났다. 질의응답 시간에 그분은 나로서는 알아듣기 어려운 일본어로 여러 말씀을 하셨다. 내 일본어 능력 탓일 수도 있지만 다소 조리가 없고 문맥은 끊겨서 들렸다. 이야기가 길어져 몇 차례 제지를 당했지만, 거듭 일어나서 말씀을 이어가셨다. 그분이 당신을 아이누라고 밝히셨던 대목만큼은 확실히 들었다. 뭔가 하고 싶은 말씀이 많았는데, 매듭짓지 못한 채 결국 사회자가 발언을 끊어 약간 상기된 얼굴이셨다.

내가 처음으로 만난 아이누였다. 아니, 아이누임을 숨기고 살아가는 많은 이들이 있으니 내가 처음으로 아이누임을 알게 된 사람이었다. 머리로는 그 땅에 선주민이 살아간다고 알고 있지만, 막상 직접 만나면 역사의 시간이 접혀진 듯 느낌은 복잡하다. 질의시간에 못 다하신 말씀을 차근차근 듣고 싶었다. 그래서 강연이 끝나자 그분께 다가가 혹시 따로 찾아뵈어도 되겠느냐고 여쭸다. 내 일본어 발음 탓인지 어디서 왔느냐고 하셔서 한국에서 왔다고 말씀드렸다. 오가와 씨는 내 두 손을 잡아주시더니 꼭 오라며 반겨주셨다. 감사하는 마음 한편으로 오가와 씨 손등의 많은 털이 느껴졌다. 그분의 왜소한 체구와 함께 아이누의 인종적 표지라는 생각이 스쳤다.

찾아뵙기로 한 날은 사흘 뒤였다. 얼뜬 소리 하지 않고 착실히 말씀을 청해 들으려면 나름의 준비를 해야 했다. 홋카이도 대학의 도서관에서 되는 대로 자료를 찾아봤다. 일본의 북단에 있는 섬, 홋카이도는 19세기 말까지 어떤 나라의 영토도 아니었다. 아이누와 야마토인 사이의 물물거래는 오래전부터 이뤄졌지만, 일본이 홋카이도와 쿠릴열도에 '개척사'를 세워 대거 이주하기 시작한 것은 1869년이었다. '사람을 심는다'는 의미의 식민植民이 시작된 것이다. 1875년에 일본은 러시아와 사할린-쿠릴열도 교환 조약을 맺어 사할린은 러시아에, 쿠릴열도 이남은 일본에 속하게 되었다. 그렇게 국경선이 그어져 그 지역에서 살아가던 아이누, 윌타, 니부히 등의 소수민족은 '국적'이 일본과 러시아로 갈리게 된다. 러시아 영토에 속하게 된 사할린의 많은 아이누들은 홋카이도의 츠이시카리로 강제 이주당했는데, 그 과정에서 4할에 가까운 아이누들이 콜레라와 천연두로 죽어갔다.

일찍이 아이누는 야마토인을 시사무, 즉 이웃 사람이라 불렀다. 아이누는 야마토와의 차이를 의식하고 있었다. 야마토인도 아이누에 대한 상상

홋카이도 대학 박물관에 전시되어 있는 아이누의 두개골(왼쪽)과 야마토인의 두개골(오른쪽). 동화同化와 이화異化는 복잡한 양상으로 얽혀 있다. 아이누 연구사에서 가장 기괴한 사례는 나치 독일에서 잠시 동안 성행한 연구일 것이다. 고대 일본인의 선조는 코카서스계라는 인식에 기초해 나치의 인종이론과 일독동맹이라는 현실 정치 사이의 간극을 메워보려는 공허한 기대에서 연구가 진행되었다.

을 품고 있었다. 18세기에 나온 아이누 관련 서적은 다수가 서두에 두발형과 의복에 대한 내용으로 시작한다. 낯선 외관의 강조는 중국에서 차용한 화이관華夷觀에 기반해 아이누에게 오랑캐라는 이미지를 심을 때 중요한 요소였다. 『하이수유수필』蝦夷修乳隨筆(1739)에는 이런 문구가 나온다. "실로 오랑캐인지라 금수와 다를 바 없다 해도, 마음이 풍요로운 것은 의식주 걱정이 없고 사리를 챙기는 교활함이 없는 까닭이다." 문화의 열등함과 심성의 온순함은 흔히 상투화의 한 세트를 이룬다.

하지만 식민지가 된 곳에서 살아가는 그들을 더 이상 오랑캐인 상태로 내버려둘 수는 없었다. 아이누의 이질성을 이질성인 채로 놓아둘 수 없는 것이다. 일본의 식민자는 아이누를 동화와 포섭의 대상으로 삼아야 하지만 동시에 그들과의 차이를 유지해야 하는 딜레마에 직면했다. 이 딜레마를 해결할 때 유용하게 쓰인 것이 19세기 중엽 이후 유럽에서 수입한 역사진보사관이다.

인류 사회는 문명 진보의 도상에 있는 시계열적 단계를 따라 진일보해간다. 거기서 아이누는 일본인이지만, 역사의 전 단계에 속하는 일본인이 되었다. 그리하여 '현재 안의 과거'로 순치된 아이누를 대상으로 1900년에는 '구토인舊土人 보호법'이 제정되었다. 골자는 아이누를 농민으로 만드는 것이었다. 아이누는 주로 사냥을 하면서 살아갔다. 하지만 일본은 생산력 확보와 동화를 위해 그들의 생활양식을 전면적으로 개조했다.

'구토인 보호법'의 핵심 내용은 아이누 삶의 근간인 대지를 소유의 대상인 토지로 바꾸는 것이었다. 아이누의 전통에서 땅은 소유가 아닌 사용의 대상이었다. 남이 방치한 땅은 누구든 경작할 수 있으며, 경작하는 한 땅에 대한 권리가 인정되었다. 하지만 '구토인 보호법'은 땅을 농업 이외의 용도로 사용하는 것을 금지하고, 15년간 경작하지 않은 토지는 정부가 몰수했다. 또한 내무대신의 허가 없이는 매각을 불허했다. 이제 야만을 뜻하는 '에미시'를 대신하여 아이누인은 '구토인'으로 명명되기 시작했다. '토인'土人이라는 말에 '구'舊가 덧붙여졌다. '토인'이라는 인종적 차이와 '구'라는 시계열상의 차이를 이중의 거리로 간직한 채 '낯선 동화'가 진행되었다.

오가와 류키치 씨를 찾아뵈다

되는 대로 기초 지식을 마련해 오가와 류키치 씨를 찾아뵈었다. 3층집이었다. 올라가는 복도에는 아이누의 의상과 그림이 전시되어 있고, 2층에는 전통 복장을 만드는 공방에서 세 분이 일하고 계셨다. 나중에 안 사실이지만, 오가와 류키치 씨의 부인 되시는 오가와 사나에 씨도 아이누의 전통문화를 보존하고 계시는 무척 유명한 활동가셨다. 3층에서 오가와 씨를 만나 뵈었다. 나는 소수민족으로서, 아이누로서 살아가는 것에 대해 청해 들으려고 준비를 해왔는데, 이야기는 전혀 예기치 않은 곳으로 흘러갔다.

강연장에서 당신을 아이누라고 밝히신 오가와 씨는 이번에는 내게 조선인이라고 말씀하셨다. 한국에서 왔다는 내가 찾아뵙겠다고 청하자 흔쾌히 들어주신 것도 그 까닭이었다. 그런데도 나는 손을 마주잡고 있는 동안 나와 다른 인종적 표지를 추정하고 있었던 것이다. 오가와 씨가 들려주신 기구한 사연을 전하자면 누락되는 내용이 있을까봐 걱정되지만 최소한의 윤곽만큼은 그려보겠다.

오가와 씨는 당신의 아버지 이야기로 말문을 여셨다. 오가와 씨의 아버지는 조선반도에서 강제징용을 당해 홋카이도로 오셨다. 댐 건설 현장에서 일반 노동자가 아닌 노무관리의 임무를 맡으셨다. 하지만 노동조건은

홋카이도 대학의 박물관에 전시되어 있는 『가라후토 아이누 식물어 명휘名彙』와 오가와 류키치 씨 자택에 전시되어 있는 포스터 「가라후토 아이누 민족지」. 가라후토는 사할린 섬 남부를 가리키는 일본어다. 1799년에도 막부는 사할린 섬 남부를 통치하기 시작했다. 1853년 러시아 제국이 영유를 선언했다. 1875년 러일 양국이 상트페테르부르크 조약에 조인하여 사할린 섬은 러시아 제국 영토가 되었다. 1905년 러일전쟁의 승리로 일본 제국이 북위 50도 이남의 사할린 섬을 획득하고 이 지역에 '가라후토 민정서'를 설치했다. 이후 '가라후토 민정서'를 '가라후토 청'으로 개편했으며, 1942년에는 내무성이 가라후토 청을 편입하면서 가라후토 청은 외지(식민지)에서 내지(일본 본토)의 일부로 편입되었다. 1945년 소련은 일본 제국에 선전포고하여 북위 50도 이남의 사할린 섬 전역을 점령하고, 1946년에는 영유권을 선언했다. 그동안 사할린 섬에서 살아가는 아이누는 두 제국 사이에서 신산을 겪었다.

가혹했다. 식민지기에 지어진 대규모 댐들은 대개 잠들지 못한 원혼의 이야기를 간직하고 있다. 오가와 씨의 아버지는 건설 현장에서 벗어나 산속으로 도망쳤다. 몇 명의 조선인과 함께 도망쳤는데 험준한 산속으로 숨어들 수 있었던 이는 오가와 씨의 아버지뿐이었다. 〈러브레터〉에 나오는 인적 없는 미지의 땅에 대한 동경. 하지만 그 설원과 설산은 누군가가 대대로 살아오는 땅이었는지 모른다. 오가와 씨의 아버지는 산속에서 아이누 마을로 피신했고, 거기서 한 여성을 만나 아이를 낳았다. 그렇게 오가와 씨가 태어났다. 1935년의 일이었다.

그러나 그분은 조선반도에 결혼한 처가 있었고, 이미 아이들도 장성했다. 조선반도에 있는 아들은 수년간 아버지의 행적을 수소문한 끝에 결국 아버지를 모시러 홋카이도의 아이누 마을로 찾아왔다. 오가와 씨가 두 살 되던 해였다. 오가와 씨는 나중에 마을 사람으로부터 조선반도에서 온 그 아들이 한 달 동안 묵묵히 장작을 패놓고 갔다는 이야기를 들으셨다고 한다. 때는 겨울이었다. 그렇게 오가와 씨는 아버지와 헤어지고, 일곱 살이 되던 해에 어머니마저 돌아가셨다. 그러고는 아이누 마을에서 성장했다. 오가와 씨는 당신의 반은 조선인이며 반은 아이누지만 조선인으로 살아갈 기회가 없었다고 말씀하셨다.

사실 이상의 내용 전부를 오가와 씨께 직접 들은 것은 아니다. 긴 시간의 대화로 오가와 씨가 체력에 부담을 느끼자 아드님이신 토이토이 씨가 그렇다면 한국어로 된 다큐멘터리가 있으니 그걸 보는 편이 어떻겠느냐고 권해서 그것을 보고 보충한 내용도 있다. 무슨 다큐멘터리인가 싶었다.

1994년 KBS에서는 광복절 특집 다큐멘터리를 방영했는데 그 다큐멘터리의 주인공이 바로 오가와 류키치 씨였다. 제목은 〈대지의 조용한 사람들〉. '아이누'라는 말의 본뜻이라고 한다. 오가와 씨는 이중의 식민사를 끌어안고 정력적으로 활동하는 유명한 운동가였던 것이다. 도쿄로 돌아와 아이누 연구자를 만나 알게 되었는데, 그분은 이미 여러 권의 책을 내셨고 아이누 운동에서도 중요한 인물이었다.

생각지 못한 이야기를 듣다보니 시간이 밤 10시로 접어들었다. 오가와 씨는 몸이 고단하셔서 잠들러 가셨지만, 나는 토이토이 씨의 이야기를 듣

오가와 류키치. 아이누 민족 운동가다. 현재 아이누 민족 공유재산 재판 원고 단장, 아이누 민족 문화전승 모임의 회장을 맡고 있다. 저서로는 『홋카이도와 소수민족』, 『홋카이도에서 평화를 생각하다』, 『아이누 문화를 전승한다』 등이 있다.
오가와 류키치 씨가 들고 있는 포스터에는 「방황하는 유골들」이라고 적혀 있다. 약 40년 전 홋카이도 대학 의학부 교수는 아이누의 무덤에서 1,500구의 인골을 파냈고, 그 인골들은 여전히 '동물실험실'에 보관되어 있었다. 그러한 역사적 사실이 드러나자 아이누 활동가들이 항의하여 가까스로 인골은 실험실에서 납골당으로 옮겨질 수 있었다. 그런데 홋카이도 대학은 납골당을 건설하며 부지에 '의학부 표본보존고 신축공사'라는 팻말을 세웠다. 인골이 납골당이 아닌 표본보존고로 옮겨진다는 사실에 오카와 류이치 씨는 거세게 반발하고 있다.

느라 그날 밤 호텔로 돌아오지 못했다. 길게 옮길 수 없지만, 토이토이 씨의 사연도 복잡했다. 그는 아이누 음악을 만들고 있다. 하지만 어린 시절에는 자신이 아이누라는 사실을 숨기며 살았다. 그러다가 대학을 오키나와로 가게 되었는데, 척박한 환경 속에서도 오키나와의 소수민족이 그들의 문화를 가꾸는 모습을 보고는 홋카이도로 돌아와 아이누로서 살아가게 된 것이다. 그날 밤 일본에서 체류한 1년 반 동안 가장 많은 술을 마셨다.

일본에서 만난 조선

다음 날 아침 간신히 도쿄로 돌아오는 비행기에 오를 수 있었다. 도쿄로 돌아오는 길에 쓰고 싶은 글이 떠올랐다. 오가와 씨를 만나서일 것이다. 홋카이도에 올 때와 도쿄로 돌아갈 때의 거리감이 달라져 있었다. 글의 제목은 「일본에서 만난 조선」으로 정했다. 만난다 함은 그때의 조선은 나, 혹은 나의 소유가 아니란 의미다. '한국'이란 말에는 다 담기지 않는다는 의미기도 하다. 이제 도쿄로 돌아와 미뤄두고 있었던 문제에 정면으로 발을 디딜 때라고 생각했다.

　나는 도쿄에서 외국인 연구자라는 신분으로 도쿄 외국어대학에 체류했다. 그동안 주로 태평양전쟁기의 조선과 일본의 사상사를 접하고 있었다. 하지만 스스로 식민지 조선을 대상으로 삼아 접근해야 하는 상황에서 마땅한 진입로를 내지 못하고 있던 참이었다.

이런 일이 있었다. 광주항쟁에 대한 연구회에 참가하고 그 뒤풀이 자리였다. 여섯 명이 모였는데, 그때 한 사람이 갑자기 "○○씨는 위안부 문제를 어떻게 생각해요?"라고 물었다. 질문을 한 사람은 한국의 유학생으로 여성이었고 질문을 받은 사람은 일본인 남성이었다. 그 질문으로 인해 의식하지 않고 있었던 그 자리에 모인 이들의 국적과 성별을 꼽아보았다. 질문을 한 한국인 여성 한 명, 질문을 받은 일본인 남성 한 명, 그리고 일본인 여성 세 명과 한국인 남성인 내가 있었다.

질문이 나온 순간 무척 긴장했다. 혹시 같은 질문을 내게도 하면 어쩌지 싶었다. 먼저 질문자가 여성이었기에 성별의 차이가 걸렸다. 또한 질문을 받은 그 일본인의 답변과 혹시 내게도 같은 질문이 왔을 때 내 답변이 비슷하다면 그것은 무슨 의미인가를 생각하게 되었다. 그때는 국적의 차이가 걸렸다. 질문을 받은 사람은 "어려운 문제네요"라며 말을 아꼈고, 내게는 질문이 오지 않았다. 그 사람이 답하지 못한 까닭은 질문이 위안부 문제에 대한 정치적 입장보다는 실감을 향했기 때문이라고 짐작했다. 일본인으로 함께 광주항쟁을 공부했던 그에게 위안부 문제에 대한 정치적 입장이 없지는 않았을 것이다. 다만 그 물음을 감당할 만한 실감이 그에게는 없었으리라. 그리고 그것은 내게도 없다.

그날 하지 못한 답변은 할 수 없었다는 이유로 이후 더 깊은 고민을 안겼다. 위안부 문제, 그리고 식민지의 역사적 경험에 대해 나는 무엇을 밑천 삼아 말할 수 있을 것인가. 식민지 조선은 얼마만큼 나의 것인가. 그때 생각한 것은 역사란 내게 주어진 소여所與가 아니며, 역사적 문제에 대해 발언의 근거를 얻으려면 나라는 개체에게는 거기에 진입하려는 노력이 따로 요구된다는 사실이었다.

홋카이도를 다녀오고 나서 미뤄뒀던 그 문제와 마주할 수 있을 것 같았다. 도쿄, 교토, 오사카, 오키나와, 홋카이도로 이어진 여정에서 맞닥뜨렸던 현재형의 조선에 대한 경험을 매개 삼아 '조선'으로 진입하는 창구를 낼 수 있을 것 같았다. 그때의 '조선'으로는 식민지 조선, 재일조선인, 그리고 한국에서는 북한, 일본에서는 북조선이라 불리는 조선민주주의인민공화국을 상정했다.

이 세 가지 조선은 한국에서는 '조선'이라는 말로는 잘 포착되지 않는다. 역사 시기로서의 조선은 대개 왕조시대를 상기시키고, 재일조선인은 재일교포라 통칭되며, 조선민주주의인민공화국은 한국의 지정학적 감각에서 북한으로 불린다. 한국에서는 그것들의 '조선성'이 누락되어 있다. 그런데 그 '조선성'이란 무엇인가. 내게 그것을 밝힐 능력은 없다. 다만 쉽게 해명될 수 없는 어떤 부정성의 형태로 존재하고 있다고 생각할 따름이다.

일본에 체류하는 동안 공부했던 조선과 일본의 사상적 교착은 식민지기를 암흑기, 혹은 저항기로 분류하는 한 좀처럼 포착되지 않는 내용들이었다. 또한 일본에서는 미디어를 통해 수시로 기타죠센北朝鮮에 대한 보도를 접할 수 있다. 물론 북한 관련 보도는 '김정일의 기쁨조' 따위를 들먹이며 북한을 상식이 통하지 않는 세습 국가, 납치 문제를 일으키는 악의 축으로 묘사하기 일쑤지만 적대성도 관계의 한 양상임을 감안한다면, 일본은 한국과는 다른 방식으로 조선민주주의인민공화국과 긴밀히 얽혀 있다.

그리고 재일조선인. 일본에서는 흔히 '자이니치'在日라고만 발음한다. '일본[日]에 있는[在] 존재'라며 어떤 사람들을 분류하는 것은 대체 어찌된 사태인가. '있다'라는 말에서는 '있다'는 사실과 함께 '있지 않을 수도 있다', '있어선 안 될 수도 있다'라는 어떤 부정성의 울림이 느껴진다. '있다'라는 말은 일본과 조선 어느 쪽에도 속하지 못한 채 양측에 주박呪縛되어 있다는 표현처럼 느껴진다.

그렇다면 일본에 있는 그들과 한국에 사는 나는 어떻게 맺어지는가. 그 고리는 국적인가 역사인가 아니면 문화 의식인가. 하지만 공통의 요소를 찾으려는 시도는 그들을 결격자로 만들어버린다. 자이니치의 국적은 '한국', '조선' 혹은 '일본'으로 다양하다. 혹은 찢겨져 있다. 또한 자이니치의 존재가 식민 지배의 소산이더라도, 흩어진 조선의 역사는 한국사로 수렴되지 않는다. 한편 문화 역시 복잡한 문화적 삼투 속에서 어떻게 공통의 본질적 요소를 가려낼 수 있겠는가. 쌍방 간에 공통의 요소를 발견하려는 시도는 그 기준이 한 측에서 나오기 마련이며, 그때 폭력으로 변질되기 십상이다. 차라리 물음을 내 쪽으로 바짝 끌어와야 한다. 자이니치 문제를 생각하려 들면 '문제'라는 표현이 어느덧 나를 인식 주체로, 살아 있는 그들을 인식 대상으로 바꿔놓고 있지 않은가. 관계성에 대한 물음을 어떻게 내 쪽으로 돌려놓을 수 있으며, 그것을 위한 사고의 절차는 무엇인가.

그렇듯 한국으로는 소급되지 않는 현재형의 조선'들'을 통해서 역으로 나는 어떻게 '한국인'인지를 물을 수 있으리라 기대했다. 딴에는 그럴듯한 구상이라고 생각했고 몇 차례 시도했지만, 그 글은 결국 쓰지 못했다. 자료를 충분히 모으지 못해서만이 아니었다. 무언가 저러한 글을 쓰기 위해 필요한 결정적 실감, 신체의 경험, 임계 감각이 아직 내게 부족한 까닭이다. 쓰지 못하는 글은 쓸 수 없다. 하는 수 없다. 다만 쓸 수 없다는 자각만큼은 간직하고 있어야 한다.

조선이라는 이물감

문장마다 생명력이 깃든 글이 있다. 자이니치 시인 김시종의 「내 안의 일본과 일본어」라는 글과 만났다. 자기 몸과 사유에 일본어가 안긴 것들을 깊이 삭혀 빚어낸 문장이다. 범접할 수 없는 그 사유의 깊이와 글의 생명력을 대하면서 도리어 다시 한번 '내 바깥의 조선'이라는 문제에 다가갈 용기를 얻었다. 굴절된 인생역정, 풍부한 정신세계와 민감한 언어 감각 등 어떠한 면에서도 김시종 씨와 비교해 나를 살피는 것은 주제넘은 일이지만, 그 비교할 수 없는 비교를 통해 내 보잘것없는 체험에서 사색의 자원을 건져 올리고 싶어졌다. 거기서 힘을 얻어 저 문제로 다시 한번 되돌아가고 싶었다. 하지만 지금 그것은 이뤄질 수 없는 바람임을 알고 있다. 차라리 그의 글을 소개하는 일이 가치가 있을 것이다.

하지만 그 글을 마주 대하노라면 어떻게 분석할 수 있다는 생각보다 그저 베끼고 싶은 심정에 사로잡힌다. 그의 말들은 허공에서 조합되지 않는다. 읽는 이의 마음에 잔뿌리를 내린다. 그의 글은 지식이나 논리가 아닌 자신의 생애를 버팀목으로 삼고 있다. 이런 글은 설명도 요약도 할 수 없다. 그의 언어 말고 다른 말을 가져다가 분석하려 들면 문장에 엉겨 붙어 있는 저 감정이 응고되어버린다. 그래서 그의 글을 가지고서 내가 해볼 수 있는 일이란 어쩔 수 없이 폭력을 싣되 그의 글이 가급적 손상되지 않도록 그저 군데군데 옮겨보는 일이다.

　"'언어'라 하면 일반적으로 입 밖으로 나오는 말 혹은 눈으로 확인할 수 있는 글자를 생각하기 쉬우나, 언어는 오히려 몸 전체가 품고 있는 것이라 생각해야겠지요. 뺨 근육 하나, 입가의 일그러짐 하나가 이미 언어를 품고 있습니다." "조선에서 태어나 조선에서 공부하고 일본으로 왔습니다만, 내 안의 소년은 일본어가 능숙한 소년입니다. 따라서 나의 과거는 일본이 전쟁에 패하여 식민지 조선을 떠남으로써 그렇게 사라져버린 환幻의 과거입니다. 사라져버린 그 과거가 내 안의 소년으로 욱신거리기 때문에 나는 뒤가 켕기고 나의 과거는 비할 데 없이 어둡습니다." "해방 후 나는 그야말로 손톱으로 벽을 긁는 심정으로 제 나라의 언어를 '가나다'부터 배우기 시작했습니다." "덕분에 민족적 자각 또는 제 혈관 속에 감춰져 있어 의식하지 못했던 나라를 향한 마음 등이 마침내 깨우쳐졌습니다만, 그 자각을 위한 노력을 통해서도 원초적인 민족의식을 막아온 일본어라는 언어는 익숙해진 지각을 집요하게 부추겨 사물의 옳고 그름을 일일이 자신의 저울에 올려놓으려 합니다. 사고의 선택이나 가치판단이 조선어에서 오는 것이 아니라 일본어에서 분광되어 나옵니다. 빛을 비추면 프리즘이 색깔을 나누듯 조선어가 건져집니다. 이렇게 치환되는 사고 경로가 나의 주체를 주관하고 있습니다. 그 흔들림의 근원에 일본어가 뿌리내리고 있습니다.""아무래도 일상 전체가 일본어로 꾸려지고 있는 탓에 나의 조선은 점점 임시 거처의 양상을 짙게 띠고 있습니다. 이처럼 일본어는 전적으로 나의 과거와 현재를 그러안고 있는 것이며, 바로 그 때문에 잃어버린 나의 과거 자체기도 합니다. 다시 떠올리고 싶지 않은 기억인 동시에 응시해야만 하는 내 생성의 비의秘儀입니다.""생리 감각적으로 뿌리박힌 것은 이치로 따질 수 없으니 좀처럼 회복되기 어렵습니다.""굳이 말할 것도 없이, 나는 50년 전에 옛 일본에서 해방되었습니다. 해방되었다기보다는 '이것이 너의 나라다'라며 '조선'에 떠맡겨졌습니다. 내 나라가 돌연 8월 15일 오후, 눈앞에 나타났습니다. 덕분에 나는 당연한 반동이랄까, 날이 갈수록 글쓰기에 제대로 처신할 수 없게 되었습니다. 철이 들고 나서 익힌 언어가 내 의식의 질서입니다. 옛 식민지 통치하의 나에게서 해방되기 위해서는 그 소년을 만들어낸 일본으로부터 벗어나야만 했습니다.""나 또한 그러한 일본어로 자랐고 만들어졌습니다. 그 일본어로부터 나는 어떻게 빠져나올 것인가. 내가 나에게서 해방되는 일이니까, 나의 소생이 걸려 있으니까 글쓰기에 약삭빠른 처신을 할 수가 없습니다. 그래서 나는 시를 씁니다. 언어를 펼치기보다 자신을 형성해온 언어를, 의식의 웅덩이 같은 일본어를 시의 필터로 걸러내는 작업에 몰두합니다. 좀더 가벼운 마음으로 다변투로 글을 써도 좋으련만, 그러면 단박에 능숙한 일본어를 구사하는 자신으로 되돌아갈까봐 그럴

수가 없습니다. '그렇게 된다면 나의 시는 이미 없다' 라고 스스로 만들어 자신에게 강요한 강박 관념에 얽매여 있습니다. 이것은 나의 사고 질서에 완고하게 눌러앉은 일본어에 대한 나의 자학적인 대응 방식입니다. 상호 응시를 지키지 않는 한 식민지 일본어의 소유자인 나는 대수롭잖게 원래의 서정으로 끌려 되돌아가버리고 맙니다.""애써 익힌 야박한 일본어의 아집을 어떻게 하면 떨쳐낼 수 있을까. 어눌한 일본어에 어디까지나 투철하고, 유창한 일본어에 길들여지지 않는 자신일 것. 이것이 내가 생각하는, 나의 일본어에 대한 나의 보복입니다. 나는 일본에 보복을 치르고 싶다고 늘 생각합니다. 일본에 길들여진 자신에 대한 보복이 결국은 일본어의 폭을 다소나마 넓히고, 일본어에 없는 언어 기능을 내가 끌어들일 수 있을지도 모릅니다. 그때 나의 보복은 이루어지리라 생각합니다."

더 보탤 수 있는 말은 없다. 다만 이 글을 한 자 한 자 옮겨 적는 동안 '조선'이란 말은 내게 점점 이물감을 더해간다. 김시종 씨는 올해로 여든 살이시다. 몸 상태가 좋지 않으시다는 소식을 들었다. 토이토이 씨로부터 오카다 씨도 몸이 약해지셨다는 이야기를 들었다. 그들의 몸이 부서지면 다시는 복원할 수 없는 도서관 하나가 무너져 내릴 것이다. 어떤 조선도 서서히 사라질 것이다.

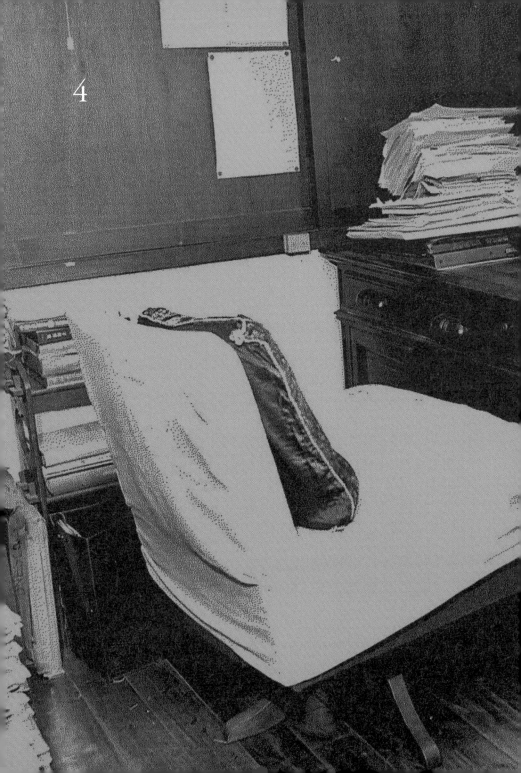

한 사상가의 흔적을
찾아가는 길, 도쿄

2년 가까이 생활하다가 돌아왔지만 일본으로 다시 향한다. 다케우치 요시미. 일본에 머무는 동안 줄곧 그의 번역에 매달렸다. 유족분인 혼다 히로코 씨로부터 그의 행적을 기록하는 모임이 연말에 꾸려진다는 소식을 들었다. 초가을에 일본을 떠나 중남미를 돌아다니다가 막 한국으로 들어왔지만, 크리스마스를 보내고 다시 도쿄행 비행기에 몸을 싣는다.

며칠 전 교토에서는 "다케우치 요시미가 남긴 것"이라는 심포지엄이 성황리에 치러졌다는 이야기를 들었다. 다케우치는 일본의 사상계에서 소생하고 있다. 비록 육체는 생을 잃었지만, 그가 남긴 글들에 다시 시대의 호흡을 주입하려는 후세대의 노력에 힘입어 그는 사상적으로 되살아나고 있는 중이다.

다케우치 요시미의 품

다케우치 요시미의 글들을 한 자 한 자 천천히 음미할 기회가 있었다. 일본에 있는 동안 그의 선집을 번역했다. 번역 작업은 그를 이해하기 위해서만이 아니라 타지 생활에서 균형을 잡는 데도 필요했다. 번역을 하면 한국어와 일본어를 동시에 접하고, 한 텍스트를 명구나 결론만이 아니라 표현의 기술과 논리의 짜임새도 꼼꼼히 살필 수 있어 더할 나위 없는 어학 공부법이었다. 더구나 번역은 조금씩이나마 진도 나가는 맛이 있어 생활에 안정감을 더해주었다.

다케우치 요시미의 글을 옮기는 일은 특별했다. 문장에 묻어 있는 격정 탓이라고도 여겨지는데, 원문이 지닌 말로서의 가능성이 풍부해서 한국어로 일단 옮겨놓은 후에 다듬으면 다듬을수록 빛이 난다. 적당한 수사를 고르지 못하겠지만, 한국어 안에서 아귀가 딱딱 맞아 떨어져 일본어에서 벗어난 이후에도 말로서의 자신의 가능성을 실현해간다는 느낌이었다. 그래서 원문이 지닌 말의 생명력을 손상시키지 않고자 번역하면서 한국어 공부를 해야 했다. 그의 글을 옮기면서 번역에서 정작 중요한 것은 원문이 지닌 말의 가능성, 그리고 역자가 자신의 모어 세계에 얼마나 진입할 수 있는가라는 언어의 감도라고 생각했다.

다케우치 요시미는 참으로 많은 글을 토해냈다. 내 손에는 그의 저작 목록이 있다. 13세에 쓴 『꽃의 마을』로 시작하여 죽기 직전에 매달렸던 루

다케우치 요시미. 1910년 나가노 현에서 태어났다. 도쿄 제국대학 문학부 지나 문학과를 졸업했다. 1934년 '중국문학연구회'를 결성하고, 기관지 『중국문학월보』를 창간했다. 1937년부터 2년간 베이징에서 유학했으며, 1943년에는 육군에 소집되어 중국에서 패전을 맞이했다. 전후에는 1953년 도쿄 도립대학 인문학부 교수가 되었으나, 1960년 안보조약 반대운동 중에 국회의 조약 체결 강행에 항의해 사직했다. 1954년에는 '루쉰의 벗 모임'을 창립하고 기관지 『루쉰의 벗 모임 회보』를 발간했다. 1964년부터 1973년까지 '중국의 모임'을 조직해 잡지 『중국』(총 100호)을 발행했다. 1977년 『루쉰 문집』의 번역에 매달리다가 암으로 사망했다.

쉰의 번역에 이르기까지 지면에 발표된 1,491편에 달하는 글들의 목록이다. 다케우치의 그야말로 다작은 그가 죽은 뒤 17권의 전집이라는 현상적인 풍요로움으로 나타났다. 또한 저작 목록에 실린 그의 글들을 보면, 실로 형식도 여러 가지다. 거기에는 논문도 평론도 서평도 대담도 좌담도 선언문도 강연도 일기도 있다. 여러 영역에 걸쳐 여러 형식으로 글을 썼을 뿐만 아니라, 그 일부나마 읽어본 한에서 말한다면 그의 글은 변화의 폭이 몹시 커서 어떤 글이냐에 따라 문제를 제기하는 방식, 논리를 세우는 방식, 사례를 내고 활용하는 방식, 감정을 조절하는 방식, 현상을 사상과 이어 맺는 방식, 상대를 논의에 끌어들이는 방식 등이 달라진다. 정말이지 그는 여러 초식을 구사했다.

어떻게 한 인간이 저리도 많은 작품을 그리고 다양한 표현법을 지닐 수 있는지, 나는 그 숱한 문장들을 내고 들이는 작가의 품이 궁금하다. 그리고 다시 그의 저작 목록을 들춰본다. 그는 같은 달에도 글을 수편씩 발표했다. 수십 년간 그리했다. 하지만 보다 눈길을 끄는 대목은 같은 달에 발표된 여러 편의 글이 때로 전혀 다른 영역을 향해 작성되었고, 글마다 감정의 결과 호흡의 길이가 몹시 다르다는 점이다. 한 인간이 어떻게 저토록 여러 구상을 동시에 머릿속에 담을 수 있고, 또한 서로 맞부딪혔을 법한 저 여러 감정을 어떻게 다스리며 하나하나 글로 옮겨낼 수 있었을까.

다케우치의 글을 처음 읽었을 때는 가청권에서 벗어난, 좀처럼 포착되지 않는 주파수를 접했다는 느낌이었다. 그윽하고 아주 낮게 깔린다. 그러면서도 새되게 갈라진다. 그것은 시대를 가로질러 먼 훗날까지 울려 퍼지는 천재들의 주파수가 아니었다. 채이고 굴절되고 시대에 쓸려갈 소리였다. 다케우치와 만나기 전에 나는 천재들의 주파수를 듣고 싶었다. 나의 이미지 속에서 천재들의 주파수란 마치 구름 위 정상은 산 아래서 보이지 않지만 정상에서는 다른 정상이 보이듯이, 높은 주파수로서 시대를 가로지르며 아주 가끔 다른 시대의 천재들이 포착해낼 수 있는 그런 것이었다. 그런 주파수는 문학의 언어보다 철학의 언어로 형상화된다. 시간의 때가 묻지 않는다. 그러나 다케우치를 경험할 때는 그것과는 울림이 달랐다.

그리고 여행. 다케우치는 다른 사회에 가보고 다른 사회를 이해한다는 행위의 의미를 곱씹게 만들었다. 그는 다른 사회를 만나고 연구하면서 그 사회 속으로 진입하고 동시에 그 사회를 자기 안으로 끌어안는 임계 감각을 보여줬다. 그에게 다른 사회란 중국이었다. 그는 중국 연구자였다. 지나 문학과를 나왔고 '중국문학연구회'를 꾸려 자신의 지적인 당파성을 구축했고, 처녀작은 『루쉰』이며, 전전에도 전후에도 끊임없이 중국의 동향을 주시했으며, 죽는 순간까지 『루쉰 문집』의 간행에서 손을 놓지 않았다. 그는 다름 아닌 중국 연구자였다.

하지만 그의 흔적을 뒤쫓아보면 기존의 '연구'라는 말로는 담기 힘든 요소가 너무도 많다. 그 까닭은 무엇보다 그와 중국의 만남은 연구자와 연구 대상의 만남이라고 하기에는 너무나 절실했기 때문이다. 그를 중국 연구자라고 부른다면, 그로써 '연구'의 일반적 의미가 바뀔 지경이다. 그 대목이 나의 가슴을 때리며 '여행의 사고'를 구상할 때도 결정적 역할을 했다.

지나와 중국

다케우치 요시미는 1931년 도쿄 제국대학 문학부 지나 철학·지나 문학과
에 입학했다. 하지만 그해를 그가 중국 연구에 발을 들여놓은 기점으로 삼
아도 되는지는 의문이다. 적어도 그의 회고에 따르면, 중국과의 만남은 지
나 학과가 아니라 입학하고 1년 후에 떠난 베이징 여행에서 시작되었다.
대학에 입학하고 나서 30년이 지난 후, 1960년에 대학생들을 대상으로 한
"방법으로서의 아시아"라는 강연에서 그는 지나 학과에 별생각 없이 입학
했노라고 자신의 이야기를 들려준다. 고등학교를 졸업하면서 편히 지내
려면 부모에게 돈을 타서 써야 하니 대학에 들어갔고, 그중에서도 가장 만
만한 지나 문학과를 골랐다고 털어놓는다. 그렇게 입학했으니 수업에 관

다케우치 요시미의 저서로는 『루쉰』, 『루쉰 잡기』, 『현대 중국
론』, 『일본 이데올로기』, 『일본과 아시아』, 『루쉰 입문』, 『국민
문학론』, 『지식인의 과제』, 『불복종의 유산』, 『중국을 알기 위
하여』, 『예견과 착오』, 『상황적 대담집』, 『일본과 중국 사이』,
『전형기』 등이 있으며, 1982년 『다케우치 요시미 전집』(17권)
이 간행되었다. 역서로는 『루쉰 평론집』, 『루쉰 작품집』, 『루쉰
문집』 등이 있다.

심이 있을 리 없었다.

그런 다케우치가 '중국 연구'를 마음먹게 된 계기는 대학 수업이 아니라 스물둘에 떠난 베이징 여행이었다. 이 여행에서 그는 쑨원의 『삼민주의』를 입수했다. 하지만 무엇보다 그는 베이징에서 살아가는 사람들을 만났다. 강연의 한 대목을 인용해보자.

> 베이징이라는 도시의 자연에도 감탄한 바가 있지만, 그것만이 아니라 거기서 사는 사람들이 저 자신과 몹시 가깝다는 느낌이 들었습니다. 저처럼 생각하는 사람이 있다는 사실에 감동했던 것입니다. 당시 우리는 대학의 지나 문학과에 적을 두고 있어도 곤란했던 것이, 중국 대륙에 우리와 같은 인간이 실제로 살고 있다는 이미지는 당최 떠오르지 않았죠.

다케우치는 베이징에서 "실제로 살고 있"는 사람들을 만났고, 그들이 "저처럼 생각하"고 있다는 데 감동했다. 사실 이때 그가 베이징 사람들과 깊은 대화를 나눴다고 보기는 힘들다. 이어지는 대목에서 그는 말이 통하지 않아 베이징 사람들의 생각을 알 수 없었다며 안타까움을 토로하기 때문이다. 하지만 이 경험은 그에게 중요했다. 그는 이 강연에서 당시 대학은 지나에서 사람들이 살아가는 이야기를 들려주지 않았다고 기록하고 있다. 30년의 세월이 지나고 나서의 회고인지라 당시의 심경 그대로라고 잘라 말할 수는 없지만, 적어도 그는 베이징 여행의 경험을 대학의 수업과 대비하며 이야기를 엮어가고 있으며, 그 점은 중요하다.

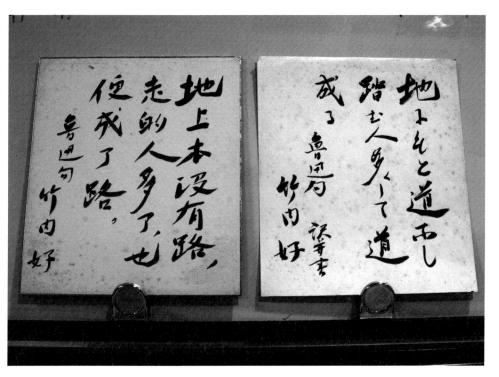

"본래 땅 위에는 길이 없다. 걸어가는 사람이 늘어나면 길이 생기는 것이다." 루쉰의 「고향」에 나오는 구절을 다케우치 요시미가 한문과 일본어로 적고 보존해뒀다.

1934년 5월 19일, 중국의 여배우 왕잉 그리고 중국인 유학생들과 함께 아키타 우자쿠의 집을 방문했을 때의 다케우치 요시미(뒷줄 왼쪽)의 모습이다. 앞줄 중앙이 아키타 우자쿠, 그 왼쪽이 왕잉이다. 왕잉은 문화대혁명 시기 마오쩌둥의 셋째 부인인 장칭에게 박해를 받아 1974년에 옥사했다.

이윽고 1934년, 다케우치 요시미는 대학을 졸업하며 같은 달에 자기 집에서 '중국문학연구회'를 준비하는 첫 번째 총회를 가졌다. 그리고 이듬해 2월 『중국문학월보』를 창간했다. 여기서 회명과 잡지명을 주목할 필요가 있다. 즉 그는 '중국 문학'을 자기 활동의 이름으로 삼았다. 지금이야 별스러워 보이지 않지만, 다케우치가 대학을 다니던 시절은 경사자집經史子集과 같은 중국 고전을 다루던 한학에 반발하여 '과학성'을 내세운 지나학이 부상한 시기였다. 프랑스 시놀로지Sinology(중국학)의 영향을 받아 지나학은 순수 학문의 입장에서 중국을 일반 학문의 대상으로 삼겠다고 표방했다. 그리하여 그는 이렇게 적는다. "나는 자신을 남과 구분하고픈 욕망을 느꼈다. 한학이나 지나학의 전통을 뒤엎으려면 중국 문학이라는 명칭이 반드시 필요했다."(「지나와 중국」) 그는 졸업하자마자 『중국문학월보』를 거처로 삼아 기존 학문 세계에 대한 대결에 나섰다. 그 대결 가운데 베이징을 여행하던 체험이 심리의 한 축을 이루었음은 짐작할 수 있는 바다.

그리고 1937년, 이번에는 2년간 베이징으로 유학할 기회를 얻었다. 그 시절의 기록을 그는 일기 「이년간」에 남겨놓았다. 「이년간」을 보면 일기인지라 의미가 자주 끊기는데, 반복되는 내용은 외롭다거나 허탈감을 달래느라 잔뜩 술을 마시고 취했다거나, 이래선 안 되겠다 싶어 작업을 하려고 마음먹었다가 이윽고 손에서 내려놓으며 그런 자신이 쓸쓸하다거나 하는 것들이다.

대신 나오지 않는 것은 중국 지식계에 대한 언급이다. 그가 유학하던 시기의 베이징은 이미 일본의 점령지였다. 자신의 조국은 자신이 사랑하고 다가서려는 나라와 전쟁을 벌이고 있었으며, 그는 중국의 지식인이 떠나버린 베이징에 유학 온 것이었다. 하지만 이 역시 일기의 바깥에서 가져온 설명일 뿐 일기에서 그런 감상은 드러나지 않는다. 일기를 보는 한 그는 다만 방탕했고 그저 베이징에서 한때를 살다 갔다. 하지만 그는 귀국해서 굳이 그렇듯 "눈살을 찌푸리게 만드는" 일기를 공개했다. 어찌된 연유인가.

아마도 그 심경을 헤아리려면 「지나와 중국」이라는 글을 함께 읽어야 할지 모르겠다. 「지나와 중국」 역시 베이징 유학 시절의 감상을 담고 있다. 제목이 암시하듯이 이 글은 '지나'와 '중국'이라는 말을 구분하고 그 유래를 설명한다. '중국'은 중화나 화하華夏처럼 오래전에 생긴 말로 원래는 한 국가나 민족을 지시하지는 않았다. 그러던 것이 량치차오의 시기부터 '중국'이라는 말에는 근대국가를 향한 중국인들의 염원이 담기기 시작했다. 한편 '지나'는 보다 나중에 출현한 말로서 외국인이 중국을 부르던 소리를 한자로 옮겨 적은 것이다. 일본에서는 지나가 청국이란 말과 함께 통용되었지만, 다이쇼기에 들어오면서 지나라는 말에는 멸시의 뉘앙스가 뱄다. '지나학'도 바로 천하였던 중국을 하나의 대상 세계로 끌어내리려는 어감을 간직하고 있었다.

하지만 기존의 지나학에서 자신을 끄집어내고자 '중국 문학'을 굳이 자기 활동의 이름으로 삼았던 다케우치는 이 글에서 도리어 '중국'보다는 '지나'라는 말에서 느끼는 애착을 전한다. 마침 당시 일본의 지식계 안에서는 '지나'가 중국인을 업신여기는 말이니 '지나' 대신에 '중국'을 사용하자는 주장이 나왔다. 선의도 있었겠고 교착 상태에 빠진 중일전쟁을 타개하려는 계산도 있었겠다. 하지만 다케우치는 묻는다. 그게 진정 중국인들의 마음을 알고서 하는 소리인가. 그리하여 이 글의 전반부에서 그는 '지나'와 '중국'이라는 말의 유래를 밝히지만, 그와 어울리지 않게 후반부에는 베이징에서 인력거를 타고 거닐던 때의 감상이 반복된다. 다음은 그 사이에 나오는 일구다.

그런데 나는, 일찍이 중국이라고 입에도 담고 붓으로도 적었던 나는, 지금 입에 담고 붓으로 적기가 영 꺼림칙하다. 이런 변화는 언제 일어났던가. 2년간 베이징에 살게 되면서부터, 나는 지나라는 말에서 잊고 있던 애착을 느끼기 시작했다. 벌써 익숙해진 말인데도 문득 입으로 꺼내면, 이제 와서 뭔가 불편한 중국이라는 울림. 말이란 이토록 부질없이 사람을 놀리는가. (……) 나는 어떤 이치가 있어 중국이란 말을 싫어한 게 아니다. 나는 지나가 내게 어울린다고 직감했다. 지나야말로 내 것이다. 다른 무엇보다도 그게 지금 내 심정에 들어맞는다. (……) 나는 다만 말의 옛 가락을 사랑하며, 그것을 변변찮은 생의 위안으로 삼고 싶을 따름이다. 이 마음의 풍경을 어찌 전해야 좋단 말인가.

본인이 지나와 중국의 유래를 기껏 설명해놓고도 "어떤 이치가 있어" 지나를 고른 것이 아니란다. '이치'를 설명하는 대신에 이후에는 인력거로 거리를 거닐던 때의 감상을 늘어놓는다. 인력거를 타면 "감동 없는 지상"

에서 벗어나 잠시나마 해방감을 만끽한다. 사고의 힘이 되살아난다. 그러다가 문득 생각한다. 인력거꾼, 목덜미로 땀이 번져 오르는 이 사람, "비참하고 안쓰럽고 그런데도 사람을 부끄럽게 만드는 집요한 본능이 넘쳐흐르는 생명체"에게 "나는 무엇을 해줄 수 있을까." 그렇듯 조리 없는 자문이 몇 차례 거듭되다가 다음의 일구가 이어진다.

그들(일본의 지식인)이 지나인을 경멸하건 하지 않건 내게는 다르지 않다. 그들은 아이들을 구슬리듯이 지나인을 동정할 수 있다고 믿는지 모른다. 지나인에게 이만한 폐는 없다. 동정받아야 할 것은 한 명의 지나인을 사랑하거나 한 명의 지나인을 증오하지 못하는 그들 자신의 빈곤한 정신이다. 만약 지나라는 말에 지나인이 모멸을 느낀다면 나는 모멸감을 지불하리라. 언젠가 지나인 앞에서 망설이지 않고 상대의 비위도 신경 쓰지 않고 당당히 지나라고 말할 자신을 기르고 싶다. 나는 지나인을 존경할 생각은 없다. 다만 지나에 존경할 만한 인간이 살고 있음을 알고 있다. 일본에 경멸해야 할 인간이 살고 있듯이. 나는 지나인을 사랑해야 한다고 믿지 않는다. 그러나 나는 어떤 지나인을 사랑한다. 그들이 지나인이어서가 아니라 그들이 나와 같은 슬픔을 늘 몸에 품고 있기 때문이다.

감히 헤아려본다면, 다케우치가 말한 '같은 슬픔'이란 서구의 주변부에서 근대화를 겪고 있는 자들의 아픔일지 모른다. 아니, 더욱 개인적인 감상일 수도 있겠다. 아무튼 이 대목에서 '중국'과 '지나'라는 어감은 중국에 대한 정치적으로 올바른 입장과 중국인에 대한 개인적인 정감만큼의 거리에서 대응하고 있다.

아마도 「이년간」과 「지나와 중국」에 담긴 저 2년간의 유학 생활은 타국에서 무언가 새로운 지식을 익히는 기간이었다기보다 자신의 깊은 고독을 응시하고 거기서 자신이 살아가야 할 바를 좀더 뚜렷한 형태로 길어 올렸던 시간이었으리라. 지나는 그저 타국도 자기 바깥에 놓인 연구 대상도 아니었다. 그보다 앞서 자기 자신과 대면하는 매개였다. 학문 이전의, 그리고 학문적 관계를 감돌고 있는 이러한 만남을 무엇이라 표현해야 한단 말인가. 다만 이렇듯 개인의 정서 속으로 스며든 요소가 없다면, 그의 중국관도 생명력을 잃고 말리라.

베이징 유학에서 돌아온 후 그는 지나학과의 대결에 나선다. 다케우치는 지나학자들을 "매일 아침 가방을 끼고서 지나 문학 사무소로 출근한다"라며 풍자했다. 이웃 나라를 상대하면서도 과학적 입장에서 지나를 지식의 대상으로 전락시켰다는 점이 불만이었다. 그는 당시 내로라하는 지나학자 메카다 마코토를 비판하던 중 말미에 이런 일구를 새겨 넣었다.

미려한 말. 사랑스러운 말. 우렁찬 말. 침착한 말. 하늘을 찌르는 불꽃같은 말. 기둥에 기대어 나지막하니 탄식하는 말. 말이 사상인 말. 사상이 그대로 행위가 되는 말. 이국의 시인에게 세태가 여의치 않아도 슬퍼하지 말라고 전하는 말. 귀여운 자기 아이에게 바르게 살라고 격려하는 말. 싸움을 말리는 말. 숯이 없을 때 숯이 되고 종이가 없을 때 종이가 되는 말. 어떤 것을 전할 때 다른 표현으로 그 어떤 것을 전하는 말. 교단을 내려올 때 잊히지 않는 말. 학문인지 예술인지 모를 것을 학문이나 예술로 보이게 하지 않는 말. 정치나 관념이나 일상생활을 정치나 관념이나 일상생활 이상으로 다루지 않는 말. 그러나 정치나 관념이나 일상생활을 떠나면 역사 역시 존재하지 않음을 깨닫는 말. 말이 사라져도 그 말이 거하는 공간만은 남는 말. 신들의 말. 인간의 나라와 하백의 나라 혹은 참새의 나라를 이어주는 말. 무의미한 말. 지쳐 힘없는 말…… ―「메카다 씨의 문장」

다케우치는 유학에서 돌아와 이 글로 지나학을 향한 포문을 열었다. 그는 이후 중국인들의 정신세계를 '지식'으로 바꿔놓고 중국을 '과학'의 대상으로 삼는 지나학에 맞서 논쟁을 벌여갔다. 그 첫 장면에서 자신이 갈구하던 말을 늘어놓은 것이다. 그는 체계적으로 꽉 짜인 지식을 요구하던 당시 지나 연구의 풍토에서 걸러진 말의 혼을 찾아 나섰으며, 그것을 지니지

1942년 중국으로 출장 갔을 때 상하이에 있는 루쉰의 무덤 앞에서 찍은 사진이다. 맨 오른쪽에 있는 사람이 다케우치 요시미다. 당시 루쉰은 프랑스 조계의 서부지역에 자리한 만국공묘에 안치되었다. 일본인인 그는 성묘를 위한 꽃도 챙기지 않은 채 눈에 띄지 않는 차림으로 조심스럽게 루쉰의 무덤으로 향했다. 루쉰의 무덤은 만국공묘 내의 구석에 처박혀 있어 한참 만에 찾을 수 있었다. 그나마 루쉰의 초상도 깨져 있었다. 그는 황량한 풍경이었다고 회상한다.

못한 자신의 무력함을 토로했다. 그는 말이 품는 여러 결들과 말이 지니는 기능, 아울러 말에 묻어 있는 다양한 감정을 저렇듯 한 자 한 자 새겼다.

주체는 말을 통해 대상과의 관계를 구축한다. 그러나 대상에 다다르기 위해 꺼낸 말도 어느새 응고되면 주체가 대상에 접근하는 길을 가로막는다. 그래서 말에 대한 고민, 말의 기능과 결 그리고 말에 얽힌 감정들에 대한 그의 고민은 문체 문제에 불과한 것이 아니었다. 오히려 한 사상가에게 문체란 사유의 논리이자 그 사상을 이루는 유기적 구성 요소의 하나이며, 다케우치는 중국이라는 대상 세계를 매개 삼아 자신의 언어 감각을 되물었던 것이다.

내재하는 중국

이상은 다케우치 요시미가 중국 문학을 연구하게 된 20대의 행적을 그것도 몇몇 텍스트를 통해 단편적으로 서술한 데 불과하다. 이후로 그는 온몸과 혼을 바친 잡지 『중국문학월보』를 당파성을 이유 삼아 스스로 폐간했고, 이윽고 『루쉰』을 출간하고 곧장 중국 전선으로 출병했으며, 거기서 패전을 맞이하여 일본으로 돌아왔다. 그러고는 일본의 강화講和를 둘러싼 논쟁에 나섰고, 마르크스주의자와 비판적 협력 관계를 모색하며 일본의 독립을 논했으며, 안보 투쟁기에는 오피니언 리더로서 활약했고, 일본의 비틀린 근대성을 해부하고 거기서 재생할 요소를 발굴하고자 전시기 사

1960년대 후반부터 중국과의 국교수립 이후 사실상 폐간된 1972년까지 다케우치 요시미는 잡지 『중국』의 편집과 발행에 힘을 쏟았다. 아울러 「중국을 알기 위하여」를 연재했다. 위의 사진은 '중국의 모임' 사무실에서 가진 좌담회의 모습이고 아래 사진은 잡지 『중국』의 표지다.

상을 연구했으며, 1960년대에는 중국과의 강화 문제에 집중해 잡지 『중국』을 창간하고 10년간 「중국을 알기 위하여」를 연재했으며, 그 후 『루쉰 문집』의 번역에 매달리다가 번역은 끝냈으나 각주를 반만 단 상태에서 병으로 숨졌다. 물론 거칠기 그지없는 이런 단편의 나열로는 결코 그의 전체상을 담지 못한다.

다만 여기서 중국이라는 대상 세계가 그의 사상 역정에서 차지했던 위상만큼은 밝혀두고 싶다. 유학에서 돌아온 그는 지나학과의 대결로부터 시작해 40여 년간 중국 연구에 매진했다. 그 노정을 따라가면 시대가 바뀜에 따라서 시대의 요청에 부응하듯이 그의 중국 이해도 미묘하게 바뀌어갔음을 알 수 있다. 그리하여 그 변화를 좇아가는 일이 일본과 중국 사이의 역사적 과제들을 거슬러 오르는 작업에 값한다. 하지만 그러한 변화는 한곳에서, 한 가지 태도에서 뻗어 나왔다. 그 태도를 이름 짓는다면, 그 자신의 책 제목이었던 '내재하는 중국'이 가장 잘 어울릴 것이다.

1963년 잡지 『중국』을 꾸릴 때 그는 세 가지 편집 방침을 제시했는데, 다음은 그 첫 번째 사항이다.

첫째는 중국을 광대한 또는 복잡한 사회로 본다는 것이다. 달리 말하면 일본처럼 자그마하고, 위로부터의 명령이 곧 아래까지 미치는 단순한 사회와는 구별하여 본다는 것이다. 다민족, 다계층, 다단계 또는 자치의 영역이 넓다는 게 중국 사회의 특징이며, 이 점에서 일본과는 전혀 다르다.

— 「前事不忘, 後事之師」

『중국』에서 그가 중국은 일본과 다르다고 굳이 강조한 것은 30년 전 일본 지식계를 향해 일본 지식인이 중국에서 읽어내는 "모순은 대상의 모순이 아니라 인식하는 측의 모순이다"라고 지적했던 태도와 일관된다(「현대 지나 문학 정신에 관하여」). 즉 그는 중국에 대한 섣부른 판단을 경계했으며, 중국에 대한 이해에는 자기 이해가 비쳐져 있음을 직시하고, 중국에 대한 이해를 자기 인식의 문제로 되돌리려 애썼다.

다케우치에게 중국은 강국에 억압받고 근대화에 뒤처졌으나 자기 걸음으로 혁명을 일궈나가는 사회였다. 지체된 중국은 그 지체로 말미암아 서구의 근대가 지나간 자리에 남은 상흔들을 볼 수 있었다. 그리하여 다케우치는 일본의 근대를 되짚어보는 참조 축으로 중국의 근대 경험을 이해했다. 일반 대중이 중국을 멸시하고, 지식계가 중국을 학적 대상으로 삼아 자신의 편견을 과학적 이론으로 무장하고 있을 때 그는 앞서 나간, 하지만 뒤틀린 일본의 근대를 비추는 참조 축으로 중국의 근대를 받아들였다. 그래서 그의 중국론은 그대로 일본론일 수 있었다.

물론 지금 그의 중국론을 그대로 가져와 사용할 수 있을 리 만무하다. 그의 중국론은 전시기 일본이 중국을 침략하던 시대에 싹을 틔워, 패전으로 일본이 뒤흔들리던 때 개화하고, 냉전 체제 아래서 일본이 중국을 비롯한 아시아 나라와 점차 소원해가던 때 열매를 맺었다. 하지만 오늘날 중국은 하루가 다르게 대국이 되어가고 있다. 전쟁을 전후로 한 시대배경 속에서 다케우치가 일본 지식계를 향해 내놓은 발신을 그대로 수용할 수는 없는 노릇이다.

하지만 그의 중국 연구가 학술적 정합성 추구로 쏠리지 않고, 다른 사회가 지닌 시대의 무게를 나눠 갖고 그 연구를 자기 사회를 개조하기 위한 매개로 삼았던 사실만큼은 오늘날에도 울림을 갖는다. 그는 일본의 중국 연구를 바꿔놓았다. 하지만 그것은 방법론이나 이론틀의 혁신을 뜻하지 않는다. 보다 심층에서, 연구를 하는 태도에서 일어난 변화였다.

그리고 나는 주목한다. 그는 베이징을 여행하고 나서 그 체험을 중국 연구의 밑거름으로 삼았다. 베이징에서 그는 실제로 살아가는 사람들, 자신과 닮은 사람들을 만났다. 혹은 실제로 살아가는, 자신의 고뇌를 나눌 수 있는 사람들을 만나고자 했다. 그의 모습은 지역 연구자인 내게 연구와 아울러 여행의 의미마저 다시 생각하도록 이끈다.

1941년 중일전쟁이 한창이던 시기 다케우치는 「지나를 기술한다는 것」에서 이렇게 적고 있다. "문학자가 중국에 가기 전부터 알고 있던 내용을 중국에 갔다 와서 쓰고 있어서야 되겠는가. 이것은 이렇고 저것은 저렇다고 단정한다. 조금도 새로운 발견 같은 건 없다는 듯이 뭐든 안다는 태도로 설명을 늘어놓을 뿐이다. …… 어느 누구 하나 중국을 집요하게 응시하고 돌아온 자가 없다. 움찔움찔하며 두려운 듯 멀찌감치서 바라본다. 그래서 인간의 얼굴은 못 보고 '지나인'만이 눈에 띈다. 그렇게 시력이 좋지 않은데도 문학자라 부를 수 있을까. 루쉰처럼 차가운 눈의 소유자는 없단 말인가."
사진은 다케우치 요시미가 군복무하던 시절의 모습이다. 그는 1943년에 중국에 배속되어 후베이 성과 후난 성을 옮겨 다니다가 후난 성 웨저우에서 패전을 맞았다. 1946년 6월이 되어서야 일본으로 돌아올 수 있었다.

흔적을 찾아가는 길

비행기가 도쿄에 도착했다. 아는 편집자의 집에서 하루를 묵었다. 출판계에서는 드문 일인데 그는 노조 활동 중이었다. 그리고 반년이 지나 얼마 전, 회사와의 싸움에서 이겼다는 소식을 전해왔다. 부당 해고를 당한 노조 위원장이 법정 소송에서 승리한 것이다. 싸울 일은 늘어나지만 승리가 점점 지난해져가는 시기에 일본에서 전해온 값진 승전보였다.

도쿄에 도착한 다음 날 유족분을 만났다. 회의는 그다음 날이어서 하루의 여유가 있었기에, 도쿄에서 이곳저곳 다케우치의 흔적을 찾아다녔다. 그 자리에 일찍이 다케우치 요시미의 제자였던 두 분이 동행해주셨다.

회의 참가 말고도 내게는 도쿄행의 목적이 한 가지 더 있었다. 그의 화보를 만드는 일이었다. 다케우치와 같은 상대를 대하노라면 번역은 글을 옮긴다고 끝나지 않는다. 번역하는 동안 그의 사상됨이 알고 싶고 인물됨이 궁금해졌다. 그가 남긴 문자를 읽어낼 뿐만 아니라 그 문자를 토해낸 시대 상황 속에서 그가 지니고 있던 내적 모순을 이해하고, 그 버거운 작업을 가능케 했던 생활 감각에 닿고 싶었다. 그의 모습을 직접 담을 수는 없지만 그의 흔적이라도 좇아 기록하고 싶었다.

동행하신 분들과 함께 먼저 타마의 공동묘지를 찾았다. 무덤 번호 10-1-14-8-2. 전시기 마르크스주의자로 활약하다가 소련의 스파이인 조르게와 내통했다는 이유로 처형당한 오자키 호츠미, 그리고 육상 자위대로 난입해 일본의 재무장을 주장하며 자결한 소설가 미시마 유키오의 무덤

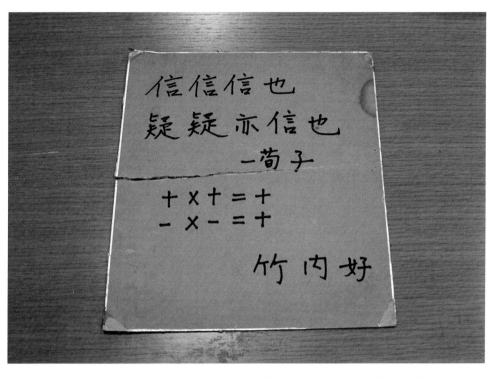

다케우치 요시미는 말했다. "부정의 방향으로부터도 진리에 이를 수 있다고 믿지 않는다면, 나는 학문 연구는 도저히 할 수 없다. 침묵을 궁극의 목표로 삼지 않는다면, 언론 활동 따위는 가능하지 않다. 나의 이 버릇은 죽을 때까지 고치지 못할 것이다."

信信信也 疑疑亦信也. "믿고 믿는 것도 믿는 것이요, 의심에 의심을 더하는 것도 믿는 것이다." 그는 순자의 문구를 적고는 서명을 했다. 그리고 공연히 멋 부린 것 같다고 여겼는지 반쯤 찢어버렸다. 하지만 그 후에도 버리지 않고 간직해두었다. 그 심사가 궁금하다.

이 가까이 있었다. 조금 떨어진 곳에는 스스로 천황제를 강하게 비판했지만, 일본 지성계에서 '마루야마 천황'이라고 불렸던 마루야마 마사오의 묘지도 있었다. 유족분의 말씀에 따르면 마루야마 가족과는 왕래가 잦아 어릴 적에 함께 기치조지의 이노카시라 공원에 나들이를 다녔다고 한다. 이노카시라 공원은 안보 투쟁 시기 다케우치가 거리 강연을 나왔던 장소기도 하다.

공원에서 멀지 않은 예전 다케우치의 집에도 들렀다. 지금은 둘째 딸이 살고 계신데, 외관은 바뀌었지만 2층 서재만큼은 옛 모습을 보존하고 있었다. 유족분이 어린 시절, 야심한 시각에 서재에서는 삐걱거리는 소리가 들려왔다고 한다. 글을 쓰다가 고민에 잠긴 다케우치가 의자에 엉덩이를 붙이지 못한 채 서재에서 서성일 때 바닥에서 나던 소리였다.

또한 유족분은 1960년 어느 날 집을 찾아온 여학생을 기억하고 계신다. 이름은 간바 미치코. 당시 도쿄대의 학생이었으며 전학련 주류파와 경찰이 충돌했을 때 현장에서 사망했다. 그녀의 죽음으로 안보 투쟁은 격화되

다케우치 요시미는 안보 투쟁에 전력을 기울였다. 5월 중의원 안보조약 강행 체결에 항의해 도쿄 도립대학 교수직을 사직하고 연일 각처에서 강연했다. 사진은 도쿄 도립대학에서 학생과 직원이 데모하는 모습이다. 플래카드에는 "다케우치 그만두지 말고 기시 그만둬라"라고 적혀 있다. 기시 노부스케는 안보조약을 강행한 당시 수상이다.

었다. 그녀가 다케우치를 찾아온 것은 사건이 일어나기 며칠 전이었다.

그리고 안보 투쟁이 일어난 그해 다케우치 요시미는 국제 기독교대학에서 너무도 유명한 〈방법으로서의 아시아〉라는 강연을 했다. 그 대학에도 가보았다. 하지만 강연한 장소가 정확히 어디인지 알아내기가 어려웠다. 학교 당국자에게 1960년 무렵 강당으로 사용된 건물이 어디인지 여쭤보고는 자신할 수 없는 사진을 남겼다. 그날의 여정에서 마지막으로 들른 곳은 모리모토 병원이었다. 다케우치는 여기서 암으로 세상을 떠났다. 피부암과 식도암을 진단받은 상태였으며, 당시는 뢴트겐 엑스선 촬영밖에 없었기에 몸을 혹사시킨 그가 지니고 있던 병은 더 많았을 거라고 유족분께서 말씀하셨다.

세대와 국경

회의가 있는 날이었다. 열 분 가까이 자리에 모였다. 다케우치의 제자와 『중국』, 『루쉰의 벗』 등의 잡지 활동에서 그가 연을 맺은 분들이었다. 그래서 모인 분들은 대개 오륙십대였다. 회고조의 이야기도 흘러나왔지만 몹시 진지한 회의였고, 그 자리에서 '다케우치 요시미를 기록하는 모임'이 결성되었다. 1910년생인 다케우치 요시미는 1977년에 세상을 떠났으니 다케우치가 생을 마감한 그 연배의 분들께서 이제부터 다케우치를 기록하겠다고 다짐을 밝히신 것이다. 모임의 활동은 출판된 다케우치의 저작을 모으고, 출판되지 않은 연구 노트 등을 조사하고, 그의 생애를 재구성하기 위해 그와 동시대를 살아갔던 지식인들을 인터뷰하는, 결코 만만치 않은 것들이었다.

그런 작업을 꾸려가려면 열정도 능력도 자금도 필요하다. 선뜻 자신이 그 역할을 맡겠다고 나서는 회의의 고무된 분위기를 접하면서 '세대'에 대해 생각했다. 다케우치는 시대의 과제에 답을 제시하기보다 묵직한 물음을 내놓았다. 그리고 그의 제자들은 이제 다케우치의 물음에 다시 시대의 호흡을 입히려 하고 있다. 그리고 그가 내놓은 물음들 가운데 얼마간은 나의 것이기도 하다. 다케우치가 내놓은 그 물음 앞에서 그분들과 나는 나이는 다르지만 어떤 세대를 함께 구성하는 것이 아닐까. 혹은 앞 세대의 과제를 자신의 환경 속에서 음미할 때 비록 국적은 다르지만 나는 그 자리에 모인 분들의 다음 세대가 될 수 있지 않을까. 어떤 종류의 세대 감각에서는 누적되는 시간보다 고민의 연대가 더욱 중요하게 작용할지 모른다.

귀국 전날, 다케우치 요시미의 부인이 계시는 병원을 찾아갔다. 연로하셔서 대화를 주고받지는 못했지만, 유족분인 혼다 히로코 씨가 한국에서 온 학생이라고 전하니 손을 꼭 잡아주셨다. 나는 그분의 글을 읽은 적이 있다. 한국의 일월서각에서 나온 여섯 권짜리『루쉰 문집』은 중국어를 번역한 것이 아니라 다케우치가 일본어로 옮긴 것을 중역한 것이었다. 다케우치는 그 문집의 번역을 끝맺지 못하고 숨졌다. 그래서 부인이 대신 서문을 쓰셨다. 그 서문에는 생애의 끝자락에 서 있던 다케우치가 얼마나『루쉰 문집』의 번역에 절실히 매달렸는지가 나온다.

1943년, 젊은 시절의 다케우치가 써낸 처녀작『루쉰』은 '유서'와도 같은 작품이었다. 조만간 징집되리라는 사실을 마음에 두고 써낸 작품이었다. 그는 징집을 앞두고 2층에서 원고를 써내려가며 손님이 오면 잠시 아래층에 얼굴을 내밀고는 2층으로 올라와 집필에 몰두했다고 한다.『루쉰』의 탈고일은 1943년 11월 9일이고, 12월 1일 그는 소집 영장을 받아 12월 28일 중국의 후베이 성으로 출정했다. 징집되기 전에 탈고할 수 있어 그는 이를 "천우신조"라고 여겼다. 몸은 전쟁터로 떠나지만 말을 남기고 가니 '천우신조'라고 불렀다면, 그것은 어떤 심경이었을까.

하지만 어쩌면 그의 진정한 유서는『루쉰』이 아니라『루쉰 문집』인지도 모르겠다. 부인이 쓰신 서문을 보면 그는 10년 넘게 자료를 준비해 1974년부터 1977년 타계하기 직전까지 루쉰을 번역하고 주석 다는 작업에 모든 정력을 쏟았다. 집에서 조금 떨어진 곳에 작업실을 얻어 거기서 매일 밤늦게까지 일에 매달렸다. 그렇게 무리해서 병세가 악화된 것은 거의 확실해 보인다. 그는 루쉰에게서 사상의 생명을 얻고 육신의 죽음으로 되갚았다.

그날의 모임에서, 텍스트가 아닌 사람들의 열정 속에서 다케우치가 루쉰을 향해 품고 있었던 절실함을 조금은 느낄 수 있었다. 이웃 나라를 매개 삼아 자기 사회의 개혁을 도모하고, 과거 사상가의 사유를 오늘의 맥락에서 되살리고, 번역을 매개 삼아 국경을 넘어선 사상적 전통화를 시도하고, 국적에 매이지 않고 세대 감각을 가다듬는 일. 지금으로서는 끌어안기에 벅찬 그 화두들을 품고서 나는 새해를 맞이하러 한국으로 돌아왔다.

베이징,
번역에서 여행을 사고하다

공작工作

아침에 눈을 뜨니 새장 속의 구관조가 "니하오"(안녕), "하이 메이 츠 판" (아직 밥 안 먹었어)이라며 울어댄다. 비가 내리려는지 뿌연 베이징 하늘이 오늘은 아예 회색 시멘트 빛깔이다. 이 방에서 일본과 타이완에서 온 여러 연구자와 활동가들이 묵고 갔다고 들었다. 후둥주 씨, 그녀는 도쿄에서 오키나와 역사를 공부하는 드문 중국인 연구자다. 베이징의 아파트 한 채를 나와 같은 외국의 친구에게 내어주곤 한다.

오전에는 후둥주 씨와 함께 베이징 시내에 있는 싼리엔 서점三聯書店에 가기로 했다. 그녀는 1년간 공을 들여 『오키나와 현대사』라는 일본어 서적을 중국어로 번역했으며, 오늘은 책으로 나오기 전에 최종 편집 상태를 확인하러 가는 날이다. 늦잠을 자서 아침도 거른 채 따라 나섰다. 싼리엔 서점은 1세기 가까운 역사를 지닌 출판사로 『뚜슈』讀書라는 잡지를 발간하며, 그 잡지는 중국 사상계에서 동아시아 담론의 한 거점을 형성하고 있다. 나는 한국의 한 출판사에서 동아시아 관련 기획을 돕고 있는데, 후둥주 씨가 그 이야기를 편집자에게 꺼냈다. 중국의 출판사를 구경해볼 요량으로 따라왔을 뿐인데 갑자기 출판사 간 지적 교류라는 묵직한 화제로 접어들었다. 하지만 책임질 수 없는 이야기를 흘리고 말까봐 조심스러웠다.

한 시간쯤 머문 뒤 출판사를 나왔다. 역시 비가 내리고 있었다. 근처의 베이징 대학 홍루에 들렀다. 후둥주 씨는 이곳이 과거 베이징 대학이라고 알려주었다. 지금은 '신문화운동 기념관'으로 정비되어 곳곳에 안내문이

달려 있다. 이 건물은 1916년에 세워졌는데 그 후 불과 수년 동안에 격동의 중국 근대사를 집약하는 장소가 되었다. 1918년 이후 천두슈, 리다자오, 루쉰 등이 차례로 여기서 교편을 잡았다. 리다자오는 도서관 주임으로 재직하던 때 마르크스주의 연구회를 결성했는데 중국 공산당은 이 연구회에서 발아했다. 한편 문학부장으로 재직했던 천두슈는 『신청년』을 발행하고 그 잡지는 개혁운동을 전파하는 매체가 되었으며, 1919년에는 이곳에서 5·4운동이 발원했다. 1920년에는 루쉰이 여기서 교편을 잡고 학생들에게 신문화, 신사상을 가르쳤다.

건물 안에서 후동주 씨와 내가 대화하는 소리가 다소 컸나 보다. 기념실의 책임자가 목소리를 낮추라고 우리에게 주의를 줬다. 그런데 그 책임자는 후동주 씨와 수분간 이야기를 주고받더니 우리를 책임자의 사무실로 안내했다. 사무실에서 책임자는 나중에 기념관의 전시물들을 한국에서 전시하자고 제안해왔다. 후동주 씨가 내가 한국의 한 연구 단체에 속해 있다고 책임자에게 소개해서 나온 이야기였다. 내겐 결정 권한도 재원을 마련하거나 사업을 추진할 능력도 없는데 또다시 감당하기 어려운 이야기가 나왔다.

➡ 지금은 '신문화운동기념관'이 된 베이징 대학 홍루의 외관과 내부. 중국 공산당을 책임질 인물도 베이징 대학 홍루의 공기 속에서 성장했다. 1918년 창사 사범학교를 졸업한 마오쩌둥은 베이징으로 올라왔으나 생활이 곤궁하던 차에 리다자오가 주선해 도서관에서 사서로 일하게 되었다. 마오쩌둥은 신청받은 책을 꺼내오고 대출자를 기록하고 신문이나 잡지를 읽으러 온 사람들의 이름을 적는 잡무를 맡았다. 하지만 사서로 일하던 반년 동안 그는 독서하고 청강하고 교류하며 마르크스─레닌주의의 이론을 흡수했다.

사실 이런 일이 생기는 것은 내가 그 제안들에 응할 수 있는 조건이나 능력을 갖춰서가 아니라 후동주 씨가 판을 벌이는 공작자이기 때문이다. 출판사와 기념관에서 받은 제안들을 나중에 어떻게 성사시킬지는 자신이 없다. 하지만 공작자의 기질을 갖고 있는 후동주 씨와는 나중에 어떤 일인가를 같이 하리라는 예감이 든다. 이 건물은 후동주 씨와 같은 중국의 공작자들을 대거 배출한 곳이라고도 말할 수 있지 않을까.

베이징에는 닷새 체류했지만 루쉰 기념관과 이곳을 들른 것으로 베이징 관광은 끝났다. 기념관을 나와 쑨거 선생의 집으로 향한다. 그분을 만나 나도 한 가지 공작을 벌이려고 베이징에 왔다. 생각해보면 5년 전 베이징에 처음 왔을 때도 그분을 만나 뵐 기대에 구경하러 다닐 정신은 그다지 없었다.

답이 물음을 제약하는 지식

2005년 베이징으로 올 때는 학문적 고민을 끌어안고 있었다. 학문적 고민이라고 해도 거창한 것이 아니라 논문을 쓰는 일이 버겁고 좀처럼 몸에 익지 않는다는 개인적 사정에서 비롯된 것이었다. 2004년 석사 논문을 끝냈는데 후련하기보다 뒷맛이 고약했다. 논문이란 물음을 던지고 증명하며 답에 이르는 과정을 체계적으로 담아두는 글쓰기다. 하지만 막상 쓰다보니 그 과정은 거꾸로 진행되었다. 즉 먼저 내가 마련해둔 답이 있고, 문제

제기를 그 답에 끼워 맞추는 것이다. 다시 말하자면 답할 수 있는 물음만을 꺼내는 것이다. 그리하여 답보다도 어쩌면 중요할지 모를 '답할 수 없는 물음'을 논문에서는 피하고 말았다. 하지만 때로는 예견된 답보다도 묵직한 물음 쪽이 역사에 더 오래 살아남는다. 나는 시대의 물음과 부대끼며 답을 내놓은 사상가들을 사랑하지만, 시대의 정신에 파열을 내는 물음을 꺼낸 사상가들에게도 애정을 품는다. 그러나 지식을 응답 관계로 짜놓는 논문의 형식이 내게는 물음을 던지는 능력을 제약했다. 그렇게 느꼈다.

이것은 그저 논문 부적응자의 푸념일지 모른다. 하지만 내가 부적응자인지라 공부를 지속하려면 그 버거움을 다음의 공부로 내딛는 동력으로 전환시켜야 했다. 그리고 한 가지 사건이 더 있었다. 석사 논문을 마치고 시간이 조금 지난 뒤 멕시코로 여행을 다녀왔다. 여행을 떠나기 전 용량이 부족하던 노트북은 하드웨어를 늘려달라고 용산에 맡겼고 파일들은 백업해서 외장하드에 보관해 멕시코로 가지고 갔다. 그런데 외장하드는 경유지였던 시애틀에서 분실하고 한국에 돌아와보니 노트북은 포맷된 상태였다. 졸지에 그간 써놓은 파일들이 몽땅 날아갔다.

분통이 터졌다. 하지만 더 화가 난 것은 어떤 파일들이 있었는지, 그간 무엇을 써놓았는지를 기억하려고 해도 좀처럼 떠오르지 않는다는 사실이었다. 공들여 해왔다고 생각한 공부의 내용들은 파일과 함께 사라졌다. 그나마 프린트로 남아 있는 글들을 되는 대로 모으다가 인쇄된 석사 논문을 다시 읽어보았다. 그다지 긴 시간이 지난 게 아닌데도 내가 쓴 글처럼 보이지 않았다. 숱한 개념들로 단단히 무장시켜놓았다고 생각했는데 논문

을 보니 말들은 생명력을 잃고 있었다. 논문을 손으로 들어 털어내면 단어들이 주르르 떨어질 것처럼 말들은 응집성을 잃고 푸석거렸다. 여기저기서 읽었던 내용들이 어설프게 기워져 있을 따름이었다. 논문에는 리얼리티도 공감을 이끌어낼 감정적 동선도 없었다. 아도르노의 적절한 표현인데 "김빠진 언어의 한가한 물결만이 철썩"대고 있었다. 한동안 공을 들였던 글쓰기였는데 이렇듯 무용한 문자놀림으로 읽힌다는 사실이 쓰라렸다.

대신 멕시코 여행에서 품었던 물음들은 선명히 기억되었다. 그 물음들은 외우고 있는 동안에만 간직할 수 있는 외부의 지식이 아니라 피부 감각에 뿌리내리고 있었기 때문이다. 석사 논문 작성과 멕시코 여행은 한데 겹쳐져 내게는 지식과 개념 세계의 유한성을 자각하도록 이끈 경험이 되었다. 지식은 주체의 감각으로까지 내려가는 자기 검증을 거치지 않는다면, 아무리 개념의 성을 쌓아올린들 사상누각일 따름이다. 아울러 인간의 감정을 매만지지 못하는 지식은 공허해진다.

그래서 이론으로 무장하는 글, 답을 향해 체계적으로 짜인 글 이전에 자신의 물음을 속이지 않는 글을 쓰고 싶었다. 답을 내야 한다는 조바심이 물음을 향한 절실함을 내리누르지 않는 글. 지식의 언어로 구축된 세계와 피부 감각의 세계 사이에 놓이는 단층을 주시하는 글. 사고의 힘이 부족해 비약을 거쳐 섣부른 결론에 의탁하는 글이 아니라 능력이 닿는 대로 생각을 쥐어짜내 사고의 절차를 구체화하는 글을 쓰고 싶었다. 어쩌면 물음을 감당하지 못해 마무리하려고 섣불리 꺼내든 답, 거기에 기대어 사고가 안식을 얻는 이론틀, 상황의 복잡함을 가려버리는 레토릭들은 사고의 관성이 다다르는 사고의 죽음일지 모른다.

거기서 '지식의 육체성'이라는 말을 생각했다. 지식은 지적 주체에게 육체적 경험으로 다가와야 살아 있는 것일 수 있다는 의미며, 아울러 지식은 자신의 육체성으로 말미암아 시간과 사건에 노출되어 상처 입고 흔적이 남고 부패하며 그렇게 역사성을 띤다는 의미다. 나는 '지식의 육체성'에 민감한 글쓰기를 나 자신에게 요구하고자 했다.

그렇듯 사고의 임계치와 대면하는 글을 써낼 수 있다면 그 글은 이정표로 남는다. 나중에 그 글을 다시 돌아보면 당시의 절박했던 물음이 환기되며, 그 물음으로부터 어느 방향으로 얼마만큼 왔는지를 스스로 확인하게 될 것이다. 한계 지점까지 사고를 숙성시켜 물음을 구성하고 그것을 글로 토해내 거기서 다음 물음으로 나설 동력을 구한다. 이런 글들은 지식을 축적해 쌓아올린다는 수직감보다 이동한다는 혹은 여행한다는 수평감이 짙다. 그렇게 이정표가 되는 글들을 단서 삼아 나만의 '생각의 지도'를 작성해가고 싶었다.

모순과 출발점

이번 베이징에서 뵙기로 한 쑨거 선생은 중국사회과학원에 소속해 있으며, 일본 사상사와 비교문화 연구를 전공으로 삼고 있다. 현재 동아시아 담론에서 가장 묵직한 화두를 던지는 지식인의 한 사람으로서 '지知의 공동체'라는 중일 지식인 간의 교류의 장을 이끌었다. 하지만 이것은 책에 나오는 저자 소개처럼 사실을 늘어놓은 것일 뿐 나 자신은 그렇게 소개하고 싶지 않다. 차라리 내게는 2004년 한국에서 처음 만났던 때 그녀가 꺼냈던 물음이 그녀를 소개하는 귀한 단서가 된다.

당시 내가 속한 연구실의 조촐한 세미나 자리였다. 선배의 소개로 세미나 도중에 중국의 학자라는 분이 들어오셨다. 그러고는 우리의 요청에 따라 네 명밖에 없는 그 자리에서 즉석으로 두 시간 가까이 강의를 해주셨다. 강의라기보다 우리에게 풀기 어려운 물음을 내놓으셨다. 그 물음은 "타자는 안에 있는가 바깥에 있는가"로 시작되었다. 다시 말하자면 나와 타자 사이의 경계를 나의 바깥에 둘 것인지, 안에 둘 것인지라는 물음이었다. 어느 쪽으로 답하든 그녀는 점차 해결하기 어려운 곳으로 질문을 몰아가 우리는 결국 답을 찾지 못했다. 왜냐하면 그 물음은 딜레마여서 타자가 바깥에 있다고 하면 타자는 나의 외부에서 실체화되어 타자로서의 의미를 잃고, 타자가 안에 있다고 하면 모놀로그에 빠져버릴 수 있기 때문이다.

그 수업이 남긴 강렬한 인상으로 그녀를 줄곧 기억하게 되었다. 그 물음도 내게 강한 자극을 주었지만, 그런 방식으로 지적 훈련을 받아본 적이 없었다. 그 물음에 답하려면 지적 능력만이 아니라 일상 감각을 동원해야 했다. 결국 답에는 도달하지 못했지만 그보다 값진 물음을 얻었다. 선생은 중국으로 돌아갔지만, 나는 언젠가 저분에게 배우겠다고 마음먹었다. 논문을 끝내고 공부 방향의 갈피를 잡지 못하자 나를 기억하실지 자신할 수도 없는 선생을 만나러 베이징으로 향했던 것이다.

쑨거 선생은 중국어는 물론 일본어도 능통하지만 나는 어떤 언어도 불가능해서 2005년 베이징에 갔을 때는 동행해준 재일조선인 친구 김우자 씨가 선생과의 대화를 일본어로 통역해주었다. 선생이 내놓은 와인을 마시고 이야기를 경청해주시는 그 분위기에 취해 나의 소박한 '학문적 고민'을 장황하게 토로했다. 한 명의 커다란 외국 사상가 앞에서 횡설수설했지만 긴장감보다는 스승으로 삼고 싶은 분을 만났다는 기쁨이 더욱 컸다.

하나의 사상을 낳는 것은 그 사상적 주체 안에 깃든 어떤 모순이다. 그 모순은 사상가마다 다르겠지만 기성의 관념을 뚫고 새로운 언어, 새로운 사상이 새어나오도록 추동한다. 하지만 사상이 출현했다고 반드시 성숙하는 법이란 없다. 사상의 출현을 가능케 했던 내적 모순이 평정되어 안정이 도래하면 사상은 시들기 시작한다.

내가 아끼는 사상가들은 자기 시대와의 부대낌 속에서 내적 모순을 배양했고 그것을 바깥으로 토해냈다. 그러나 내가 간직한 고민은 그보다 훨씬 초라하며 시대 상황보다 나 자신의 무능력에서 기인하는 것이었다. 하지만 나는 그것을 나의 모순으로 여기기로 했다. 그것을 모순이라고 불러두는 것은 부정확한 용법이겠지만, 그 내면의 비틀림을 지시하기에 내게는 적합한 표현이었다. 그리고 쑨거 선생은 아무리 소박해도 자신의 모순에서 출발해도 된다는 확신을 내게 안겨주었다.

말의 여행, 번역

돌아오는 비행기 안에서 쑨거 선생의 책을 번역하기로 마음먹었다. 번역은 곁에 있지 않아도 그녀로부터 배우는 방법이라고 생각했다. 번역을 하려면 마음에 와 닿거나 필요한 대목만을 밑줄 긋고 챙겨둘 수 없다. 텍스트의 논리적 전체상을 상대해야 하며 각각의 문구들을 남김 없이 책임져야 한다. 텍스트는 번역자의 것이 아니지만 번역자는 그 텍스트가 다른 언어의 세계 속에서 살아가도록 생명력을 주입해야 한다.

사람이 여행하듯이 말도 여행을 한다. 여행이 그러하듯이 번역되는 원작도 환경의 변화를 겪는다. 하지만 원작의 언어는 그것이 출현한 시대와 상황에 잔뿌리를 내리고 있기 때문에 그저 단어 수준에서 말들을 대응시켜 번역해본들 그 잔뿌리들은 우두둑 뜯겨나간다. 원작의 생명력을 보존하려면 번역자는 그 원작을 낳은 토양을 지반째 옮겨야 하지만, 결국 번역에서 가필하거나 새로 쓰는 일은 허용되지 않는다. 번역은 원문이 지니는 가능성의 폭 안에서 그 생명력을 되살려내는 금욕적 실천이다. 번역자는 번역을 통해 다른 시대와 상황 그리고 언어의 토양 안에서 원작을 되살려낸다. 벤야민은 이를 두고 '원문의 사후死後의 삶'이라고 불렀다. 번역자가 원작의 운명을 결정하는 것은 아니지만 번역자는 그 재생의 과정에 동참한다.

번역자의 눈은 원문을 보고 번역자의 손은 키보드 자판 위로 움직이는 동안 모니터 위로 한 글자 한 글자가 형상화된다. 하지만 번역자는 모어

루쉰 기념관에 전시된 여러 언어의 루쉰 번역서들. 벤야민은 번역을 깨진 사기그릇을 다시 붙이는 일에 비유했다. "사기그릇이 깨져 그 파편들로 다시 그릇을 만들 때 미세한 파편들을 서로 붙여가되 각각의 파편이 원래 깨진 그 자리에 반드시 있어야 할 필요가 없는 것처럼, 번역이란 원작의 각 단어에 대응시키기보다 원작에 애정을 갖고 원작의 의도에 맞춰 자신의 언어를 동화시키는 일이다." 벤야민이 던진 물음은 이것이다. 원문과 번역문은 각 언어 사이에 유사성이 없다면 어디서 근친성을 찾을 수 있을까. 각각의 파편, 즉 단어, 문장, 구문들은 서로 일치하지 않아도 '의도의 총체성'이 원문과 번역문 사이의 근친성을 가능케 한다. 사기그릇 안에 담긴 '말의 영혼'을 보존해야 번역은 성립하는 것이다.

안에서 어떤 말을 골라야 할지 망설이며, 어떻게 문장으로 짜내야 할지 고민한다. 그 망설임과 고민 가운데서 번역자는 자신의 사고와 표현의 관성을 대면하게 된다. 번역자는 원문의 단어와 형상과 어조가 한데 합쳐지는 곳까지 소급해 그 언어를 자신의 모어 안에서 실현시켜야 하며, 그 사이에 잊고 있었던 말의 혼을 발견하게 될지 모른다. 따라서 원작이란 번역자의 바깥에 있는 게 아니며 그렇다고 안에 있는 것도 아니다. 번역이란 쑨거 선생이 말하는 의미에서 타자성의 경험인지 모른다.

이것을 번역에 대한 일반론으로 내놓을 생각은 없다. 다만 선생의 책을 옮기는 일은 내게 그러했다. 그녀의 글은 감정과 행간으로 풍부했다. 번역을 하는 동안 원문이 내 마음의 응어리를 대신 표현해주고 있다는 느낌을 여러 차례 받았다. 그리고 나는 그 글에서 물음들을 발견했다. 답뿐만 아니라 물음 역시 알아가게 되는 것이다. 원문을 읽으며 내 안에서 뚜렷해진 것은 고민하던 내용에 대한 답이라기보다 오히려 명확히 정리되지 않았던 물음 자체였다.

아주 드물게 그런 글들을 만난다. 거시적 범주나 이론적 전제에서 출발하지 않으며, 유동적이고 불균형한 지점, 미세한 감각의 주름진 곳에 이르는 글. 대상을 지식에 꿰맞추지 않으며 오히려 대상의 섬세한 결, 균열, 틈을 민감하게 포착해 표현을 길어 올린 글. 그런 글들은 독자의 어떤 감정 상태에 조응해 가슴을 때리고 독자는 거기서 연대감을 느낀다. 니체는 지나치게 시력이 좋은 자에게는 논리학이 불가능하다고 말했다. 서로 다른 요소들을 한 가지 체계로 구축하려면 그것들을 조립 가능한 형태로 다듬어놓아야 하는데, 예민한 자에게는 그런 논리적 가공이 좀처럼 허용되지 않기 때문이다.

하지만 추상화를 거치지 않고서도, 체계를 세워 대상의 고유한 단독성을 훼손하지 않으면서도 보편적 물음으로 육박해오는 글이 있다. 그런 글은 이미 원문 속에서 번역이 시작되고 있다. 비약과 섣부른 추상화를 허용치 않는 한 인간의 지난한 사고 과정이 발효한 짙은 농도로 말미암아 그 텍스트의 문제의식은 읽는 이에게로 삼투되며 독자는 그 텍스트에 자신의 복잡한 내면세계를 투사해 거기서 잠재되어 있던 여러 물음이 모습을 이룬다. 거기서 '고민과 물음의 연대'가 발생한다.

어떻게 모어 사회로 진입할 것인가

2년간 책 번역을 마치고 2007년 봄 도쿄로 갔다. 1년 예정으로 도쿄 외국어대학에 외국인 연구자라는 신분으로 체류하게 되었다. 그리고 반년 뒤 이번에는 도쿄에서 쑨거 선생을 만났다.

도쿄 체류는 생활하는 동안 또 다른 번역의 감각을 요구했다. 그 번역의 감각은 모어 혹은 모어 사회 속으로 어떻게 진입할 것인가라는 물음과 닿아 있었다. 도쿄에서는 학회 등의 자리에서 소위 비판적 지식인들과 교류할 일이 잦았다. 그런데 상대와 이야기를 나누다가 화제가 국가주의나 계급 갈등 등 사회문제로 번져가 상대가 일본 사회의 문제를 지적하면, 나도 그런 문제가 한국 사회에 있다는 식으로 종종 맞장구치곤 했다. 물론 비슷한 문제가 양측 사회 안에 있을 수도 있지만, 실은 양상이 다른데도 상대와의 우호를 위해(그것이 진정한 우호가 아님을 알고 있지만) 혹은 대화의 소재를 이끌어내고자 그렇게 말하곤 했다. 그 경우에는 한국 사회를 거칠게 비판하는 것이 상대에게 마치 나 자신이 윤리적임을 증명하는 태도인 양 여겨지기도 했다.

맥락이 다른데도 양측 사회의 문제 양상이 비슷한 것처럼 전제하는 이런 대화에서는 미묘하지만 중요한 문제의식이 희생되며, 말의 위상에서는 같은 용어를 주고받지만 결국 문제 상황의 무게는 서로가 공유하지 못하고 만다. 여기서 나는 외국인과의 교류에서 '나'라는 개체가 모어 사회의 상황이나 역사를 얼마만큼 동일시하여 대화 속 소재로 활용해도 되는가라는 물음과 만났다. "외국에 나가면 애국자가 된다"는 말이 있다. 그 경우와 양상은 반대지만 나의 섣부른 한국 사회 비판도 모어 사회에 대한 단순화된 이해 위에 놓여 있다는 점에서 비슷한 편향에 빠져 있었던 것이다.

번역하는 동안 느꼈던 이 물음은 이윽고 모어의 가능성을 얼마만큼 체득하고 있는가라는 물음으로 이어졌다. 행간이 많고 품이 넓은 원작을 번역할 때 좋은 문구로 만들어내지 못하는 까닭은 외국어 능력이 부족해서만은 아니다. 오히려 번역자가 모어의 풍부한 가능성을 충분히 체득하지 못한 까닭에 문장을 성숙하게 형상화할 수 없는 경우가 많다.

괴테는 "외국어를 모르는 사람은 자신의 언어에 대해서도 알지 못한다"

나는 쑨거 선생의 이 말로부터 크게 시사를 받았다. "나는 학문을 하는 데 있어 간단한 법칙 하나를 깨달았다. 만약 진정으로 자기 문화로 진입하길 희망한다면, 우선 다른 문화에 진입하는 실험을 해도 된다는 사실이다. 외국어 능력이 통상 모어 능력에 제약받는 것과 마찬가지다. 다른 종류의 문화로 효과적으로 진입할수 없다는 것은 통상 모어 문화에 대한 자신의 감각 능력이 모자란다는 것을 의미한다. 내가 연구 대상 속으로 깊이 빠져들면 들수록, 나 역시 나날이 강렬하게 모순된 문제를 느낀다. 연구 대상으로 진입한다는 것은 '감정이입' 식으로 대상과 동일시하는 것을 의미하지 않는다. 나를 '상황성'이 풍부한 자신으로 변모시키는 것을 의미한다. 다시 말하면 유동하고 변화하는 과정에서 자각적으로 자기의 주체성을 만들고 탄성을 풍부하게 해야 한다."

라고 말했다. 비슷한 의미에서 외부의 맥락과 부딪히는 와중에 내가 모어 사회의 상황을 충분히 이해하지 못하고 있음을 자각하는 경우가 종종 생긴다. 그러면 상대의 사회와 비교할 수 있는 것처럼 모어 사회가 하나의 실체로서 존재하는 것인지, 모어 사회의 상황을 내가 대변하듯이 말해도 되는지, 자신의 모어 문화를 어떻게 이해하고 어떻게 그 속으로 진입할 수 있는지가 물음으로 부상한다. 이때 상대의 사회와 모어 사회 사이에서 외관의 유사함에 의지하기를 거부하면서도 접점을 발견하려면 또 다른 번역 능력이 필요하다.

맥락의 전환

"사유 방식이 직관적일수록 모어 문화로 동일시하려는 맹목성의 정도가 높아진다", "외국 연구에 종사하는 연구자가 가장 쉽게 범하는 오류는 상대방의 문화 논리로 진입하려는 노력이 실패로 돌아간 뒤에는 자기의 모어 문화를 퇴로로 삼는다는 것이다. 이런 상황에서 모어 문화는 아주 쉽게 절대화되고 분석할 수 없는 전제가 되고 만다." 쑨거 선생의 표현이다.

선생은 나보다 반년 늦게 2007년 가을 도쿄의 히토츠바시 대학에 교환교수로 오기로 예정되어 있었다. 나는 저 문구를 음미하며 선생이 오기를 기다렸다. 원래 나의 체류 기간은 2008년 봄까지였지만, 선생이 오기를 기다려 1년 연장하고 선생의 집 근처로 이사를 갔다.

거의 매일같이 선생의 집에서 저녁을 신세졌다. 가난한 유학생의 끼니를 늘 챙겨주시는 마음 씀씀이에도 감사했지만, 식사하는 동안 들을 수 있는 선생의 말씀이 내겐 더 귀한 양식이었다. 선생과 주로 '맥락의 전환'이라는 문제를 논의했다. 선생은 국경을 넘어선 교류 속에서 상황의 차이, 말의 괴리, 감각의 낙차가 낳는 문제들을 소중히 다루는 방법을 가르쳐주었다.

국적의 문제를 간단히 처리하는 자유인 의식이 지니는 한계, 추상적인 보편주의에 몸을 맡겨서도 안 되지만 문화특수주의 역시 거부해야 한다는 이중과제, 외국의 맥락과 만날 때 국적을 어떻게 다룰 것인가라는 문제, 나라 사이에서 감정상의 간극이 발생할 때 어떻게 민족주의로 기울지 않고도 거기서 사상적 과제를 발견할 수 있는가라는 문제들을 토론했다. 물론 1년간의 교류로 실로 다양한 주제에 관한 말씀을 들을 수 있었지만, 선생과 마찬가지로 일본에서 외국인으로 지내는 동안 저런 화두들이 가장 실감 어리게 다가왔다.

실로 선생은 사고의 품이 넓다. 논문이 안 풀려서 학문하는 능력에 회의를 느끼던 때, 공소하다고 여겨지던 철학적 물음들을 어떻게 실감과 이어맺을 수 있는지를 고민하던 때, 외국인으로 지내며 '맥락의 전환'을 위한 사고의 절차를 어떻게 가다듬어야 할지를 두고 버거워하던 때, 그때마다 나는 선생의 책과 발언에서 답은 아닐지언정 물음을 심화하는 계기를 구할 수 있었다.

이제 선생이 숙성시켜준 나의 물음을 다시 선생에게로 되돌려 다음의 일보를 내딛고 싶었다. 아울러 한 개인이 지닌 사유의 풍요로움, 입체적인 면모를 탐구하고 싶었다. 그래서 인터뷰를 기획했다. 인터뷰는 한 차례가 아니라 여러 차례에 걸쳐 반년 동안 진행할 계획이었다. 이를 위해서는 선생이라는 대상 세계로 다가서기 위한 좌표축을 만들어야 했다. 사실 선생의 사상 역정을 탐구하는 그 과정을 통해 내 사고의 지도를 다시 작성하고 싶었는지 모른다. 그것은 한 사람의 정신적 세계로 다가가서 자신을 발견하는 어떤 여행이었다.

여행이 시작되다

반년에 걸친 인터뷰에서는 합의점이 도출되기보다 무수하게 많은 물음들이 파생되었다. 그 물음들은 이후 일본을 벗어나 다른 곳으로 떠나는 동력이 되었다. 지금의 '쓰면서 다니는' 여행은 그 인터뷰가 끝나고 나서 시작되었다.

인터뷰는 일본어로 진행되었는데, 나는 생각이 성글 뿐만 아니라 일본어로 적합한 표현을 골라내는 데 애를 먹었다. 하지만 선생은 늘 질문의 동기를 포착해주었다. 그리고 많은 경우 질문에 대해 직접 답하기 전에 자신의 경험담을 꺼냈다. 그렇다고 날것의 경험을 그대로 늘어놓는 식은 아니었다. 당신이 자신의 과거 체험을 대상으로 삼아 몇 번이고 그 속으로 드나들며 의미를 곱씹었기에, 그 경험담에는 타인과 공유할 수 있는 요소가 주입되어 있었다. 경험 자체는 선생의 것이지만, 선생의 경험담을 거치자 나의 추상적 물음에 실감이 입혀졌다. 선생의 경험담은 원문 속에서 번역되고 있는 것이었다. 경험담은 어떤 정신적 매개를 거치지 않는다면 경험을 늘어놓는 일에 그치고 만다. 선생과의 인터뷰에서 얻은 한 가지 중요한 성과는 개체의 경험에 타인과 공유할 수 있는 의미를 주입하는 방식에 관한 것이었다.

2008년 가을 선생은 도쿄를 떠나 베이징으로 돌아갔다. 그리고 나는 서울로 돌아오지 않고 여행을 떠났다. 마침 그 시기 『인물과 사상』에서 여행기를 연재하기로 결정했다. 나는 선생과 헤어졌지만 여행을 통해 수업을 지속하기로 마음먹었다. 여행기를 쓰려면 자신의 경험을 표현하고 아울러 타지에서 벌어진 일을 독자에게 전달해야 한다. 나는 타지의 사건과 맥락을 독자들에게 전달하고, 아울러 내 체험에서 독자들과 공유할 만한 요소를 끄집어낸다는 '이중의 번역'에 도전하고자 했다. 그래서 다음의 세 가지 물음을 여행기의 과제로 삼았다.

첫째, 어떻게 체험을 표현할 것인가. 가령 여행기에서 흔히 볼 수 있는 '고생담'은 흥미롭긴 하지만 그저 열거될 뿐이라면 여행의 장식물로 물화되고 만다. 그것은 사고의 계기를 낳는 체험이라기보다 체험의 소멸에 가깝다. 낯선 광경을 맞닥뜨렸을 때 꺼내는 단편적 감상들도 마찬가지다. 그저 감상으로 응고된다면 사고거리로는 성숙하지 못하니 사고의 소외태다. 아울러 소소하게 발생하는 여러 사건이 그 사건들을 아우르는 문제의식의 지평 위에서 관계를 맺지 못한다면, 그 경우 경험담은 시간의 흐름에

따른 단편의 나열이 되고 만다.

경험은 순간 발생했다가 사라지는데 어떻게 그 흔적을 지속되는 시간 속에서 의미 있는 형태로 가공할 수 있을까. 그리고 특히 타지에 나갔을 때의 경험에는 언설의 영역에서 포착하기 어려운 감각이 개재介在되는데 어떻게 그것을 놓치지 않고 거기서 구체적인 사유의 단서를 발견할 수 있을까. 경험담은 나 자신의 것이지만 내게 밀착되어 있지 않고 타인과 공유할 만한 요소를 품도록 만들려면 어떻게 표현을 일궈내야 할 것인가.

둘째, 타지에서 낯선 삶의 맥락과 맞닥뜨렸을 때 어떻게 보편주의와 문화상대주의라는 양 편향에 빠지지 않으면서 그 '사이 공간'에서 사고를 벼려낼 수 있을 것인가. 맥락이 다른데도 편의적인 감상이나 두루뭉술한 배경지식에 근거해 안이하게 그 차이를 숨아내는 어설픈 보편주의는 경험의 고유성을 말살한다. 그래서는 타문화 속에서 자기 사고의 감도를 시험할 수 없으며, 타문화 속에서 무언가를 발견할 수도 없다. 그건 '여행의 사고'에서 가장 경계해야 할 사고의 편향이다.

한편 문화상대주의는 타문화가 지닌 고유의 논리를 인정하겠다는 태도지만, 거기서 사고가 멈춰버린다면 타문화와의 의미 있는 접촉은 불가능하고 아울러 모어 문화를 새롭게 이해할 기회도 놓치고 만다. 선생의 지적처럼 각각의 문화를 개별적 실체로 간주하는 문화상대주의에 입각해 타문화를 이해할 때 모어 문화를 비교항으로 끌어온다면 모어 문화는 분석할 수 없는 전제가 되어버린다. 타문화를 체험하며 얻는 진정한 수확은 모어 문화가 분절되어 하나의 실체로 간주할 수 없다는 인식이며, 그런 인식이 있고 나서야 타문화로 진입할 수 있는 창구를 구할 수 있다. 따라서 문화상대주의는 '여행의 사고'의 종착지가 아니라 출발지가 되어야 한다.

셋째, 타자성에 대한 물음이다. 여행이란 남들의 일상을 들여다보는 일인데 여행기를 쓰다보면 타지에서 만났던 사람들은 '그들'이라는 3인칭 복수로 뭉뚱그려져, '그들'의 이야기를 2인칭 단수 '당신' 혹은 1인칭 복수 '우리'라는 막연한 한국어 사용자에게 전하게 된다. '그들'과는 구체적인 마주침이 있었음에도 불구하고, 누군지 알지도 못하지만 내가 '당신' 혹은 '우리'라고 부르는 한국어 사용자보다 '그들'은 인식의 위계에서 더 낮은 곳, 인식의 거리에서 더 먼 곳에 존재한다. '쓰면서 다니는' 여행에서 '그들'과의 체험은 언젠가 '당신' 혹은 '우리'를 향한 글감이 되어버린다. 그렇다면 그 여행에서 나는 '그들'을 만난 것일까. 그때 '만남'이란 무엇을 뜻하는가.

나는 6년 전 쑨거 선생을 처음 만났을 때 그녀가 내놓았던 "타자는 안에 있는가 바깥에 있는가"라는 해결하지 못한 물음으로 돌아간다. 이제 그 물음에 "타자는 쉽사리 만날 수 없다는 태도로써만 만날 수 있다"라는 역설로 잠정적으로 답하고 싶다. "만날 수 없다"라는 말은 타자와의 경계를 넘어서는 일은 쉽사리 발생하지 않는다는 사실을 자각하겠다는 의미다. 아울러 '경계'를 '넘어선다'는 발상이 오히려 이쪽과 저쪽을 구분된 실체로 만들 수 있음을 경계하겠다는 의미다. 그리고 뒷부분의 "만날 수 있다"란 그 경우 타자는 주체의 바깥에서 실체화된 대상이 아니며, 어쩌면 그 만남에서 먼저 찾아오는 것은 아직 경험한 적이 없는 자기 자신과의 만남일지도 모른다는 의미다. 그 만남이 있고 나서야, 무엇일지는 미리 알 수 없지만 나 아닌 다른 대상과의 만남도 가능하다. 사실 여전히 답이라고 할 수 없는 물음에 머물고 있음을 알고 있다. 하지만 나로서는 여행의 경험을 거치며 이 물음이 힘겨운 일보를 내디딘 것이다.

한 인간을 향한 여행

아직 쑨거 선생과의 인터뷰를 완성하지 못했다. 두 달 전 선생이 올해 한국에 오셔서 한 달가량 체류하신다는 말씀을 들었다. 그러고는 반년간은 타이완, 다시 반년간은 일본에 머무르실 예정이란다. 그곳에서 선생은 국

나는 선생의 이 말을 소중히 여긴다. "고독의 정도가 절대로 남보다 더하다거나 덜하다는 식으로 비교하지 않을 때 연대는 비로소 성립할 수 있으며, 강렬한 부정의 의식으로 인류의 고뇌와 대화하고 또 더 나은 세계의 가능성을 탐색할 때 일체화는 비로소 진실할 수 있다. 고독을 회피하기 위한 참여는 본질적으로는 진실한 연대에서 이탈한 샛길에 지나지 않는다."

적의 차이를 넘어 나와 같은 다음 세대를 길러내실 것이다. 나는 선생이 한국에 오기 전 인터뷰를 마무리하고 그것을 단행본으로 출간해 선생을 한국어 독자에게 좀더 소개하고 싶었다. 이번 베이징행에서 나의 공작은 그것이었다. 그러나 공작은 실패했다. 하지만 그분과 있는 자리는 어느 곳보다도 소중한 나의 여행지다. 1년 반 만의 만남으로도 충분히 만족할 수 있었다.

그사이에 선생은 흰머리가 많이 늘었다. 오랜만에 한 자리에서 공부하고 싶었다. 나는 노트북을 가져와 여행기를 쓴다. 선생은 책상에서 키보드를 두드리고 계신다. 이따금 한숨이 들린다. 저런 호흡이 모여 내가 읽은 문장들이 토해져 나왔다. 저녁을 같이 준비하고 먹으면서 그간 여행 다닌 이야기, 지금의 한국 정치 상황에서 느끼는 무력감 등을 말씀드렸다. 앞으로 공부하고 싶다고 하니 선생이 박사 논문으로 다루신 일본의 사상가 다케우치 요시미에 대한 자료를 잔뜩 챙겨주셨다.

선생은 앞으로 10년간이 당신의 가장 농밀한 시간이 될 것 같다고 말씀하셨다. 그간의 고민들이 글로 나올 만큼 무르익었다는 의미지만, 이미 당신의 육체가 쇠퇴하고 있음도 느낀다고 말씀하셨다. 이야기가 길어지고 밤은 늦어졌다. 구관조가 울어대는 방으로 돌아가긴 힘들 것 같다. 선생의 사유를 어떻게 나의 사회 속으로 번역할 수 있을까. 그 물음에 답할 수 있을 때까지 이 한 사람을 향한 나의 여행은 끝나지 않는다.

사오싱과 상하이,
루쉰에게서 정치를 보다

어떤 가설假設의 가설假說

사쿠라이 다이조 씨로부터 중국의 연구자들과 함께 대본을 만들기 위해 베이징에 간다는 연락을 받았다. 그래서 급하게 날짜를 맞춰 베이징행 비행기를 예약했다. 그런데 정작 베이징으로 향하기 이틀 전에 그는 딸이 병원에 입원해 못 온다는 소식을 알렸다.

사쿠라이 씨는 '텐트 연극'을 한다. 통상 한 편의 연극은 극장에서 반복 상연되지만, 그는 한 편의 연극을 공연하기 위해 한 장소에 텐트를 세우고, 한 차례의 공연이 끝나면 텐트를 걷고 떠난다. 그렇게 매해 새로운 연극을 만들어 사용하고 버린다. 두 번 다시 그 연기를 하지 않기 위해 수개월을 준비해 단 한 차례의 연기를 한다. 뱀이 허물을 벗듯이. 어쩌면 허물도 뱀도 아닌 변신만이 '텐트 연극'의 본질인지 모른다.

그러나 그의 텐트 연극은 늘 모종의 정치성을 산출한다는 점에서 일관되기도 한다. 텐트 연극은 1960년대 말, 1970년대 초 일본 사회에 번져갔던 '정치의 계절'의 산물이다. 1960년대 말 전공투로 상징되는 과격한 학생운동은 정점으로 치달았고, 1970년대 초에는 동아시아 반일무장전선이 미쓰비시 중공의 빌딩을 폭파했다. 그 이후 사회운동의 괴멸을 염두에 둔다면 당시는 일본이 아시아의 제국주의 국가에서 미국의 패전국이자 반식민지로, 그리고 다시 세계의 첨단 소비자본주의 국가로 재편되던 변곡점에 있던 시기였다.

그 시기 와세다 대학을 중퇴한 사쿠라이 씨는 1973년에 극단 '곡마관'

사쿠라이 다이조. 극작가이자 배우다. 1973년 극단 곡마관, 1982년 바람의 여단을 결성해 텐트를 메고 일본 전역으로 공연을 다녔다. 2002년 〈아큐게놈〉 공연부터 극단의 이름을 '야전의 달=해필자'野戰の月=海筆子로 바꿔 현재에 이르고 있다. 저서로 『바람의 여단·전전하는 바람』, 『들의 극장』이 있다.

을 이끌고 일본 각지로 여행을 다녔다. 오키나와로 홋카이도로 촌구석으로 피차별 부락으로 부둣가 공사판으로 인력시장으로 그렇게 하층으로 하층으로 전전했다. 그는 여행에 몸을 맡겨 도쿄 생활과 소비사회로부터 도망쳤다. 그러던 중에 자신이 짊어진 텐트는 바리게이트가 아닌지, 오히려 자신은 도망치면서 일본의 소비사회를 포위하고 있는 것은 아닌지 생각했다. 그는 이것을 '역포위'라고 부른다.

사쿠라이 씨에게 텐트는 극장의 대용물이 아니다. 그는 텐트 연극에 대한 가설을 가지고 있다. 그는 텐트의 얇은 천 한 장으로 현실 공간의 일부를 잘라내 거기에 함몰을 만든다. 그 함몰 속의 공연으로 바깥 현실을 허구화한다. 텐트 속에서 시간의 서열은 뒤바뀌고, 공간은 엿가락처럼 늘어나거나 뒤틀리고, 가로였던 세계는 세로로 세워진다. 기성의 논리가 전복된다. 이것이 텐트 연극에 대한 그의 가설이다. 그래서 그의 연극은 부조리극이다. 그러나 그가 텐트 안에서 부조리한 상황을 만들어내는 까닭은 텐트의 바깥 세계, 소비자본주의야말로 인간의 결핍을 소비로 메우는 부조리이기 때문이다. 그는 텐트를 세워 부조리를 두고 소비자본주의와 쟁탈전을 벌인다.

그는 현대사회에 잠복해 있는 문제들을 날카롭게 낚아채 텐트라는 부조리의 장소에서 가시화시킨다. 하지만 텐트는 그 메시지를 전달하기 위한 수단이기 이전에 그 속에서 새로운 집단성이 발생하는 장場이다. 사쿠라이 씨는 텐트 안에 있는 사람들의 자의식을 위기에 빠트린다. 배우는 배역을 충실하게 소화하고 관객은 그것을 감상하는 식이 아니다. 그는 한 개

인의 자의식이 뛰쳐나가 타자의 기억과 결합하고 서로의 의식이, 일인칭 과 삼인칭이 뒤섞여 마치 플라스마plasma 상태가 될 때 새로운 집단성은 비로소 출현한다고 말한다. 그래서 그는 배우를 '번역자'라고 부른다.

배우는 대사를 그대로 옮기는 존재가 아니다. 대본에 적힌 하나의 말을 복수화複數化한다. 그러면 배우들은 서로 오독한다. 점차 관객들도 자신의 독해를 의심하기 시작한다. 그렇게 자의식은 점차 들썩들썩 주체에게서 떠나 타자와 뒤섞이려는 조짐을 보인다. 이윽고 배우와 관객의 오독들이 교착하고 흘러넘치면 텐트는 하나의 줄거리로 이끌어가려는 구심력과 오독들이 낳는 원심력이 함께 작용해 신축적이 된다. 텐트는 하나의 생명처럼 부풀어 오르고 또 오그라든다. 거기서 새로운 집단성이 출현하며, 거기서 사쿠라이 씨는 '정치의 원점'을 발견하겠다는 것이다. 그러한 가설假說의 가설假設이 텐트인 것이다.

동아시아적 인간

사쿠라이 씨의 텐트 속에는 동아시아의 굴절된 시간이 감돌고 있다. 40년 가까운 텐트 연극의 인생에서 그는 전반부의 20년 동안 조선 혹은 동아시아의 시간을 텐트를 매개로 하여 일본 사회 안으로 들이고자 했다. 말소되어가는 식민지 조선 그리고 동아시아 냉전의 기억을 일본 사회로 주입하는 것이 그에게는 '반일'反日의 행동이었다.

공연은 전업 배우의 몫이 아니다. 그들에게는 요리사, 편집자, 교수 등 생업이 따로 있다. 그들은 모여 '자주自主 연습'을 한다. 자주 연습이란 대본 없이 배우가 마음껏 자신을 표현하는 일인극이다. 배우가 자기 감각을 자유롭게 표현하면 그 표현을 사쿠라이 씨가 포착해 희곡에 정착시킨다.

그는 1980년에 곡마관을 해체하고 1982년 '바람의 여단'을 결성해 전국으로 공연을 다녔다. 첫 작품은 〈도쿄 말뚝이〉였는데, 바람의 여단은 마지막 공연지를 아라카와 강변으로 정했다. 거기에는 간토대지진 당시 제국의 수도 시민에게 학살당한 조선인들이 매장되어 있었다. 바람의 여단은 아라카와를 가득 메우고 있는 조선인의 유골을 파내려고 했다. 그러나 수백 명의 경찰기동대는 그들이 강가로 들어가지 못하도록 막았으며, 대치 상황은 일주일간 이어졌다.

〈수정의 밤〉이라는 연극은 조선인 종군위안부가 주인공이다. 그녀는 위안소에서 아이를 낳지만 기를 수가 없어 변소에 버린다. 그러고는 정신이 나가 위안소에서 쫓겨나 산속 동굴에서 살아간다. 한편 강제 징용당해 천황의 어소御所를 짓던 조선인 노동자는 탈출해 변기 속으로 숨어든다. 거기서 갓난아이와 만나 천황 흉내를 내는 놀이를 한다. 아이를 버린 그녀가 똥으로 범벅이 된 조선인 노동자를 만난다. 그를 천황이라고 착각해 "갓난아이를 돌려주세요"라고 직소한다. 조선인 노동자는 그녀 앞에서 천황의 말버릇을 흉내 낸다. 조선인에게 천황 역을 맡긴 문제작이었다. 2장으로 넘어가면 변소에 버려진 갓난아이가 돼지의 도움을 받아 여행을 개시한다. 이 연극은 『아사히신문』이 꼽은 '20세기 일본의 연극 열 편' 가운데 하나로 선정되었다.

다시 사쿠라이 씨는 1994년에 '야전의 달'을 꾸렸다. 1999년 〈EXODUS 出核害記〉라는 연극을 타이완에서 공연하며 거점을 타이완으로 넓혔다. 그 연극은 낙생원樂生院이라는 타이완의 한센병 요양소 해체를 반대하는 운동이 계기가 되었다. 한센병자는 사회성을 박탈당한 존재다. 호적에서 빠지고 사회 바깥으로 추방되어 숨어 지낸다. 그가 타이완에서 공연을 기도한 까닭은 그 소멸당한 존재를 사회 안에 등장시키기 위해서였다. 일본 최고의 극작가로 알려진 그는 타이완의 국립극장을 대관했다. 먼저 요양소에서 공연한 뒤 국립극장에서 공연을 하며 객석으로 한센병자들을 초대했다. '국립극장'에서 타이완 관객들은 눈앞의 부조리극을 몸 옆의 한센병자와 함께 관람해야 했다. 그렇듯 부조리한 사건을 만들어 그는 부조리한 사회를 고발했던 것이다.

2008년에는 베이징에서 공연을 성사시켰다. 타이완에서 공연한 〈변환·부스럼딱지성〉을 반년 뒤 베이징에서 재상연했다. 그가 같은 연극을 반복하는 경우는 드물지만, 타이완과 중국 사이의 분단선을 두고 반복한다면 그 행위는 도전일 수밖에 없었다. 그 연극은 모래시계 이야기로 희망과 절망을 다루고 있다. 우리는 모래시계 속에 있는 한 알의 모래다. 모래시계가 뒤집히면 우리는 시간의 누적을 표시하며 그저 떨어진다. 모래시계는 체제다. 모래시계가 표시하는 시간은 우리 자신의 시간이 아니다. 체제의 시간 속에서 우리 삶은 내버려지고 있다. 이것은 절망이다.

그러나 모래알은 떨어지면서 서로 스친다. 스치며 모래 입자가 변한다. 우리의 신체가 바뀐다. 그것은 아픔을 동반한다. 그 스침만이 우리의 시간이며, 옆의 존재와의 마찰 속에서만 희망을 사고할 수 있다. 그는 연극에 이런 메시지를 담았다.

희망希望의 희希는 드물다는 뜻도 담고 있다. 절망은 희망의 반대말이 아니라 희망을 구해 나서야 할 토양인지도 모른다. 절망은 나아갈 길이 끊긴 상태다. 그는 버거운 몸부림으로 절망에서 길을 내려고 한다. 그 길이 있음을 실증해 보이고자 텐트를 메고 전전했다.

술자리에서 그가 이런 말을 한 적이 있다. 언젠가 극단과 함께 북한에 가서 텐트를 세우겠다고. 나는 북한을 그런 식으로 미래의 내 작업과 결부하여 생각해본 일이 없다. 그는 동아시아적 인간이다. 그는 복잡하게 깔린 동아시아의 분단선을 넘어 그곳의 흙 위에 텐트를 세운다. 그의 텐트 안에서는 동아시아 지역의 뒤틀린 역사 관계, 상이한 시간성이 형상화된다. 거기에는 근대 시민의 고민이 아니라 동아시아 근대에서 식민화된 존재, 주변화된 존재, 패배한 존재, 시민권을 상실한 존재의 저항과 외침이 담긴다. 그는 내게 어떤 동아시아다.

정치성의 새로운 지평

사쿠라이 씨는 다시 텐트 연극을 성사시킬 작정으로 베이징에 올 계획이었고, 나는 그의 대본 작업을 지켜보고 싶었던 것이다. 하지만 또 어긋났다. "또"라고 말하는 까닭은 일본에서 지내는 동안 텐트 연극을 보러 갈 기회가 몇 차례 있었지만 망설이다가 결국 한 번도 못 봤기 때문이다. 사쿠라이 씨와는 종종 만났고 지인들에게 그의 연극에 대해 들었고 연습하는 장면을 보러 가기도 했으며, 그가 써낸 대본도 읽어보았다. 하지만 정작 공연은 보지 않았다.

그의 연극에는 강렬한 것이 있고 그 강렬함은 내가 쉽사리 소화할 수 없을 것 같았다. 강렬함이야 좋지만 때로 어떤 체험은 칼에 베이는 일과 같다. 상처는 아물어도 자국이 남아 예전으로 돌아갈 수 없다. 내가 아는 재일조선인 연구자가 있다. 시인 이상의 전집을 일본어로 번역한 분인데, 언젠가 만났더니 극단의 일원이 되어 있었다. 연기를 하며 그가 변신해가는 모습은 놀라웠다. 그러나 그런 변화가 내게도 찾아온다면 그건 두려웠다.

사쿠라이 씨의 텐트 연극을 경험한 사람들로부터 그것이 '세다'는 말을 들을수록 보러 가기가 망설여졌다. 당시 나는 비약을 범하지 않고 사고의 절차를 되도록 구체적으로 가다듬어 사물을 읽어내는 섬세함을 길러야 하는 단계라고 여기고 있었다. 그러나 섣불리 '예술의 정치'를 경험했다가는 자칫 그 길에서 탈선할까봐 두려웠다. 그래서 직접 대면하지는 않은 채 연습 장면이나 대본을 보며 텐트 연극을 건드려보고 있었던 것이다.

하지만 한국으로 돌아오고 나서 그의 연극을 다시 찾게 되었다. 돌아오니 정권은 바뀌었고 촛불은 잦아든 후였다. 지하철을 기다리다가 전광판을 보고는 한순간 아찔했다. 시간, 온도와 함께 주식, 환율 정보가 수시로 바뀌고 있었다. 어째서 저런 숫자들이 버젓이 시간, 온도처럼 공공장소에서 그날의 정보로서 사람들에게 전송될 수 있는가. 뉴스를 보면 주가 소식부터 등장했다. 주가는 온 국민이 함께 기르는 자식인 것처럼 의인화되어 있었다. 신문의 정치면을 보면 오늘도 또 하나의 전선이 무너지고 또 다른 희생자가 생기고 있었다. 화가 났다. 그러나 행동으로 옮길 방법을 알지 못해 무력했다.

만약 발악하고 고함을 지른다면 얼마간 개운할지 모르겠지만 그것은 침묵이기도 하다. 고함을 지르려고 크게 벌린 입으로는 조리 있는 비판을 할 수 없다. 더구나 외침이 반복되면 힘이 빠진다. 분노는 비판 대상의 실체를 단순화시키고, 분노만으로는 예민한 정치 감각을 벼려낼 수 없다.

그 격정을 행동의 동력으로 전환시키려면 이행을 사고할 수 있는 정치적 좌표를 마련해야 하는데, 내게는 그런 좌표도 없고 기댈 수 있는 이념도 분명치 않았다. 좌파와 우파라는 대립구도가 짧은 호흡의 관념적 산물임은 그간 10년의 정치 과정이 증명하고 있다. 그것으로는 현 정권의 출현을 막아낼 수 없었으며, 현 정권의 폭주도 저지할 수 없다. 우리 안에도 적이 있고 적 안에도 우리가 있으며, 또한 적의 적도 적일 수 있는 불연속의 지형도가 실상에 가깝다.

또한 대들고 싶어도 나의 적과 대등한 정치성의 관계에 놓일 수 없다. 힘의 불균형은 너무나 명백하다. 하는 수 없이 정치적 좌표가 부재한 상태에서 이따금 돌아오는 선거를 기다린다. 정치는 선거로 환원되고 선거는 정치 공학으로 조립된다. 그러면 신성한 투표권은 때로 하찮게 느껴진다. 매일 접하는 각종 정치 기사로 일희일비하고 동요하는 자신을 보면 무력감에 젖는다. 그 과정이 길어지면 대상에 대한 증오가 정치 자체에 대한 실망과 혐오로 이어지고 그 후에는 냉소가 찾아온다.

그래서 무력감이 냉소로 번지기 전에 그것을 동력으로 전환시킬 정치성의 좌표를 만들어내야 했다. 현실 정치와 무관하지 않지만 현실 정치로 환원되지도 않는 그곳에서 내 걸음을 걸어야 한다. 비록 지금은 무능하여 행동에 나설 수 없지만, 무력한 동안 무언가가 내 안에서 배양되어 언젠가 잠복기를 마치고 바깥으로 행동이 터져 나올 수 있도록 무력감을 동력으로 전환하여 비축하고 싶었다. 그래서 사쿠라이 씨를 만나러 베이징에 갔다. 그가 작업하는 모습을 본다면 단서를 얻을 수 있을 것 같았다. 하지만 이번에도 또 어긋났다.

스산한 고향, 사오싱

사쿠라이 씨는 현실을 "천 한 조각"으로 베어내 정치의 장을 만들었다. 그리고 루쉰은 한 수의 말로 정치를 빚어냈다. 루쉰 역시 너무 가까이 다가가면 데일지 모르는 존재다. 하지만 사쿠라이 씨와의 만남이 불발되어 일정에 여유가 생긴 터라 루쉰의 흔적을 찾아 전부터 벼르던 여행을 조금이라도 길게 떠나보기로 마음먹었다.

베이징의 루쉰 기념관에 가면 루쉰의 처녀작인 「광인일기」의 초판이 전시되어 있다. 그리고 루쉰은 그 작품을 베이징의 사오싱 회관에서 집필했다는 설명이 달려 있다. 사오싱은 바로 루쉰이 태어나고 자란 고향의 이름이다. 그곳부터 가기로 했다. 베이징에서 침대차를 타고 열두 시간, 항저우에 내려 다시 버스로 한 시간, 그렇게 해서 사오싱에 닿았다. 2월의 마지막 날 베이징을 떠날 때는 눈이 내렸는데, 3월의 첫날 강남으로 내려오

니 봄비로 바뀌어 있었다.

루쉰은 1881년 사오싱에서 태어났다. 그리고 유년기를 보냈다. 후에는 도쿄 유학을 마치고 이곳으로 돌아와 잠시 선생으로 근무했다. 그의 작품에는 여러 곳에서 사오싱의 분위기가 감돌고 있다. 대표작 「아Q정전」의 무대인 웨이장 마을도 사오싱이다. 주인공 아Q가 기거하던 마을 사당은 사오싱에 있는 토곡사土谷祠다. 루쉰의 어린 시절, 마을에는 날품팔이로 빈둥대다가 평판이 나빠 토곡사로 쫓겨나 지낸 인물로 시에 아구이라는 자가 있었다는데 그가 아Q의 모티프라고 한다. 고향 사오싱은 루쉰에게 사람 사는 이야기가 뿜어져 나오는 소재의 원천지다.

그러나 루쉰 자신이 「고향」에서 묘사했듯이 고향은 추억으로 간직된 채 언제까지고 그리워할 수 있는 장소가 아니다. 고향이야말로 해결하기 어려운 문제가 곪고 있고 사람들에게 치이고 아픈 기억이 서리는 곳이다. 루쉰에게 사오싱은 분명 그러했다. 루쉰은 유복한 저우 집안의 장남으로 태어났지만, 할아버지가 과거시험을 감독하며 뇌물을 받았다는 혐의로 투옥당하며 집안이 몰락하기 시작했다. 루쉰의 작품으로 「쿵이지」가 있는데, 이 작품은 과거를 준비하던 선비가 결국 생계조차 영위하지 못하는 폐

➡ 오봉선烏蓬船이 떠 있는 하천의 풍경은 사오싱의 상징이다. 오봉선은 배의 돛을 대나무로 엮고 그 중간에 대나무 껍질을 끼워 반원형으로 만든 다음 오동나무 기름이나 유연탄을 발라 만든다.
사오싱은 첸탕 강, 푸춘 강, 푸양 강이 합류하는 수향水鄕이다. 사오싱에는 시에서 관리하는 문화재가 52개소에 이른다. 루쉰 관련 유적을 포함해 당대의 정치가였던 저우언라이의 옛 집, 청말 혁명가 치우진의 옛집, 차이위안페이의 옛집 및 월왕대의 전殿, 하나라 우임금의 우왕전과 능묘, 왕희지의 절필을 낳은 난정蘭亭, 중국의 전설적인 두 번째 제왕인 순의 왕묘 등이 있다.

1931년 러우스 사건으로 루쉰에게 수배 명령이 떨어졌다. 루쉰이 체포되었다는 소문이 돌자 상하이에 있던 루쉰은 베이징에 계신 어머니가 걱정할까봐 쉬광핑, 그리고 쉬광핑과의 사이에서 낳은 아들 하이잉과 함께 사진을 찍어 어머니에게 보냈다.

당시 루쉰의 어머니는 루쉰의 본처인 주안과 함께 살고 있었다. 주안은 사오싱의 사람으로 전통적인 부녀자였다. 1906년 여름 일본에서 유학하던 루쉰은 어머니의 명으로 잠시 귀국했을 때 그녀와 결혼했다. 그러나 주안에게 애정을 품지 않아 "이는 어머니가 나에게 준 하나의 선물이다. 나는 그저 성실히 받아들여야 했을 뿐이다. 애정은 내가 모르는 바다", "중국 여자는 글러먹었다. 하루 종일 아무것도 하지 않고 방 안에 틀어박혀 있다. 아무런 움직임, 아무런 생활도 하지 않는다. 집사람이 그렇다. 그 사람은 어머니의 며느리지 나의 아내가 아니다"라고 토로했다. 주안은 시집온 후 루쉰의 어머니와 생활하며 죽을 때까지 시어머니를 모셨다. 그녀는 자기를 '달팽이'에 비유한 적이 있다. 루쉰과 주안 모두 봉건적 혼인제도의 피해자였으며 서로에게 가해자였다. 물론 가해 정도는 같지 않았을 것이다.

루쉰 옛집의 현주소는 사오싱 시 둥창팡 구 19호다. 1881년 9월 25일 태어난 루쉰이 1898년 난징으로 신학문을 배우러 가기 전까지 유년기와 청소년기를 이곳에서 보냈다.

집 안에는 백초원이라는 뒤뜰이 있다. 「백초원에서 삼미서옥으로」를 보면 "우리 집 뒤켠에 예로부터 '백초원'이라는 넓은 뜰이 있었다. 이제는 집과 더불어 주문공朱文公의 자손한테 넘어갔다. 마지막으로 본 지가 벌써 7, 8년 되었거니와, 분명히 거기에는 야생초가 조금 자라고 있었을 뿐이다. 그러나 어린 시절의 나에게는 낙원이었다"라고 말한다. 그가 삼미서옥으로 들어가 공부하게 되면서 그의 유년기도 마감된다. "집 식구들이 무슨 까닭으로 나를 서당, 그것도 성내에서 제일 엄격하기로 소문난 서당으로 보낼 생각을 했는지 알 수 없었다. 박주가리를 캐다가 흙담을 무너뜨린 탓인지, 이웃 양씨 집에 벽돌을 던진 탓인지, 아니면 우물 난간에서 뛰어내린 탓인지…… 전혀 알 수 없었다. 어쨌든 나는 이제 백초원에서 마음껏 놀 수는 없게 되었다. 아데Ade! 나의 귀뚜라미들아! 아데! 나의 나무딸기들아, 목련들아!"

인이 되어 마을의 웃음거리가 되는 광경을 소년의 눈으로 조망하고 있다.

할아버지가 투옥되면서 루쉰의 아버지도 수재 신분을 박탈당해 크게 상심했다. 그는 술로 울분을 달래다가 병을 얻었다. 장남 루쉰은 아버지의 병간호를 위해 전당포에 물건을 잡히러 다녀야 했다. 그러나 아버지는 한 의의 오진까지 겹쳐 서른일곱의 젊은 나이로 세상을 떠났다. 당시 루쉰 나이 열여섯이었다. 루쉰이 나중에 일본 유학에서 의학을 선택하는 데는 이 사건이 계기가 되었으리라는 것이 루쉰 연구자들의 중론이다. 아버지가 돌아가신 이듬해, 이해관계를 정리하려고 모여든 친족들 사이에 싸움이 벌어졌고, 쇠락해가는 집의 장남으로서 루쉰은 마을 사람들의 멸시를 맛보아야 했다. 『외침』의 「자서」에서 그는 말한다. "나는 누구든 안락한 환경에 있던 사람이 갑자기 그 반대의 생활로 곤두박질치면, 그 과정에서 세상 사람들의 참모습을 알게 될 것이라고 생각한다."

봉건적인 마을을 무대로 삼은 루쉰의 작품에는 남 얘기를 좋아하고 우 하니 몰려다니는 민초들이 자주 등장한다. 루쉰에게 그 모습은 중국인의 한 단면이었다. 그래서 그가 묘사하는 마을의 풍경은 애틋하기보다 차라리 스산하다. 그에게 사오싱의 기억이 각인된 탓일 것이다. 그는 18세에 난징으로 떠나며 말한다. "S 성내의 사람들은 누구나 늘 만나서 흥미가 없었고, 어느 정도까지는 그 뼛속까지 알고 있었다. 그들과는 종류가 다른 사람, S 성내의 사람들이 싫어하고 멀리하는 사람을 찾고 싶었다. 비록 그가 짐승이든 악마든 간에."

루쉰이 루쉰이 되다

루쉰의 본명은 저우수런周樹人이다. 루쉰은 당사唐俟, 파인巴人처럼 그가 사용한 여러 필명 가운데 하나다. 어렸을 때의 이름은 저우장서우周樟壽였으나 1898년 난징의 학당에 입학하면서 저우수런으로 고쳤다. 이름의 의미를 풀면 두루周 사람人을 심는다樹는 뜻이다. 어린 시절 한 친척 할아버지가 지어주었다고 하는데 아마도 『관자』管子의 「입정편」立政篇의 "1년을 도모하는 계획은 곡식을 심는 일만한 것이 없고, 10년을 도모하는 계획은 나무를 심는 일만한 것이 없고, 100년을 도모하는 계획은 사람을 심는 일만한 것이 없다"一年之計莫如樹穀 十年之計莫如樹木 百年之計莫如樹人라는 글귀에서 마지막 두 글자를 따왔을 것이다.

이름처럼 그는 사람을 심었다. 시대의 청년들을 길러냈다. 소설에서 갖가지 인간상을 형상화했다. 아울러 100개가 넘는 필명들도 그가 빚어낸 인격에 포함될 것이다. 그중 하나로 루쉰을 만들어 그는 루쉰이 되었다. 루쉰이 루쉰이 된 것은 「광인일기」를 통해서다. 나이 서른여덟에 잡지 『신청년』에 처음으로 소설 「광인일기」를 발표했다. 그때 처음으로 루쉰이라는 필명을 사용했다.

루쉰이 루쉰으로 등장하기 전 그는 사오싱 회관에서 침묵하고 있었다. 그의 표현을 빌리자면 독사처럼 자신의 영혼을 칭칭 감고 있는 적막감을 떨쳐내려고 비석을 탁본하고 불경을 읽고 고문을 교열하며 시간을 죽이고 있었다. 밖으로 드러나는 움직임은 없었고 '외침'은 '외침'으로 폭발하지 않았다. 나중에 터져 나올 '외침'을 온양醞釀하는 고통스러운 침묵만이 이어지고 있었다. 그는 적막한 어둠 속에서 자신의 그림자에 시달리고 있었다. "나는 여느 그림자일 뿐이다. 그대와 헤어져 암흑 속에 잠기리라. 암흑이 나를 삼켜버릴지도 모르고, 광명이 나를 지워버릴지도 모른다. 그러나 나는 명암의 경계에서 서성이는 것이 싫다. 차라리 암흑 속에 잠기는 편이 낫다."(「그림자의 고별」)

사오싱 회관은 고요했으나 바깥 상황은 어지러웠다. 1911년 신해혁명의 성과를 위안스카이가 찬탈하고, 1913년 국민당의 지도자였던 쑹자오런이 피살되고, 같은 해 7월 위안스카이의 독재에 반대하는 제2혁명이 일어났으나 실패해 쑨원은 일본으로 망명하고, 1915년 위안스카이는 황제를 자칭하고, 1917년 청나라 조정의 유신인 장쉰이 폐위된 황제 푸이를 옹립해 청조의 부활을 시도하다가 실패했다. 루쉰이 "혁명, 혁혁명, 혁혁혁명, 혁혁……"이라고 야유한 혼란의 시대였다. 그리고 1918년 루쉰은 긴 침묵을 깨고 「광인일기」로 루쉰으로서 세상에 나왔다.

당시 그의 심경이 『외침』의 「자서」에 기록되어 있다. 이른바 '철방의 비유'다. 『신청년』에 글을 써달라고 종용하려고 진신이가 찾아왔다. '나'는 묻는다. "가령 말일세, 창문도 없고 절대로 부술 수도 없는 쇠로 된 방이 하나 있다고 하세. 그 안에 많은 사람들이 깊이 잠들어 있네. 오래지 않아 모두 숨이 막혀 죽을 거야. 그러나 혼수상태에서 죽어가니 죽음의 비애 따위는 느끼지 못할 걸세. 지금 자네가 큰 소리를 질러 비교적 의식이 뚜렷한 몇 사람을 깨워 일으켜서, 그 소수의 불행한 이들에게 구제될 수 없는

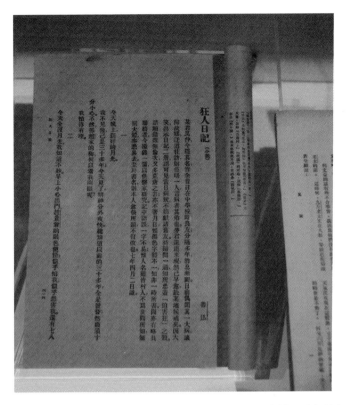

"『신생』의 출판이 좌절되고 나서 난생처음으로 무료함을 느꼈다. 당초에는 그 까닭을 몰랐다. 얼마 뒤에야 이런 생각을 했다. 한 사람의 주장이 남에게 찬성을 얻으면 전진을 촉진하고, 반대를 얻으면 분발을 촉진하게 된다. 하지만 낯선 사람들 속에서 홀로 외쳤는데 아무런 반응이 없다면, 찬성도 반대도 없다면 마치 끝없는 벌판에 홀로 버려진 것처럼 어찌해야 좋을지 모르게 된다. 이 얼마나 큰 비애인가! 나는 내가 느꼈던 것을 적막이라고 생각한다. (……) 나는 비록 끝없는 비애 속에 빠져 있었지만 결코 그로 인해 분노를 터뜨리거나 하지는 않았다. (……) 그러나 나 자신의 적막감만큼은 떨쳐내야 했다. 너무나 고통스러웠기 때문이다. 나는 여러 방법을 강구해서 나 자신의 영혼을 마취시켜 옛날로 돌아갔다." 그러한 적막과 비애의 시간 이후에 「광인일기」가 나왔다.

다케우치 요시미는 말했다. "선이 악에 대항한다는 사실을 루쉰은 믿을 수 없었다. 세계에는 선이 있을지 모르지만, 어쨌든 그 자신은 선이 아니었다. 그가 악과 싸우는 것은 자신과 싸우는 것이며, 그는 자신을 멸함으로써 악을 멸하고자 했다. 이것이 루쉰에게는 생의 의미이며 따라서 그의 유일한 희망은 다음 세대가 자신을 닮지 않는 것이었다. 악을 없애기 위해서 악을 아는 것은 악에게만 허락되는 이른바 악의 특권이다. 언젠가 실현될 선은 이 악이 자기를 극복함으로써 비로소 그 상대성을 극복하는 기초를 부여받게 될 것이다. 루쉰에게는 그것이 성실한 생활자의 실천를 놓고 있다."

임종의 고초를 겪게 한다면 자네는 그들에게 미안하지 않겠는가?"

그러자 상대는 대꾸한다. "그러나 몇 사람이라도 일어난다면 그 쇠로 된 방을 부술 희망이 전혀 없다고는 할 수 없지 않은가?" '나'는 생각한다. "그렇다. 나는 비록 내 나름대로의 확신을 가지고 있었지만, 희망에 대해 말하자면 그것을 말살시킬 수는 없는 것이다. 왜냐하면 희망이라는 것은 미래를 향하니 반드시 없다고 하는 내 확신을 가지고, 있을 수 있다는 그의 주장을 꺾을 수는 없는 노릇이기 때문이다. 그래서 나는 결국 글을 쓸 것을 승낙했다. 이것이 바로 처녀작 단편 「광인일기」였다."

그러나 루쉰은 철방 안의 사람들을 깨워야 할지 고민하는 자가 아니었다. 깨어났는데도 갈 곳이 없어 고통스러운 상황을 견뎌야 하는 자였다. 그는 선각자가 아니다. 「광인일기」의 일구다. "4,000년 동안 내내 사람을 잡아먹어온 곳, 거기서 나도 오랜 세월 함께 살아왔다는 것을 오늘에야 비로소 알게 되었다. ……나도 모르는 사이에 내 누이동생의 고기 조각을 먹고 있었는지 모른다." 다른 선각자들은 국수주의니 미신이니 야만성이니 중국인들의 고질을 꾸짖으며 대중에게 각성을 촉구했다. 그러나 루쉰은 자신을 응시하며 그 부정적 속성들을 자기 안에서 찾아 하나씩 토해냈다. 「광인일기」 이후 쏟아낸 루쉰의 문학은 지식인들의 '설교'라는 면사포를 찢는다. 루쉰이 보기에 스스로가 선각자임을 자처하는 사람들은 존재가 어둠을 집어삼켜 자기 그림자에 시달리지 않는 자들이었다. 믿음이 가지 않는 자들이었다. 루쉰으로서는 자기 속의 부정적 속성들, 자신의 그림자에 시달릴 때만 문학이라는 행위가 성립할 수 있었다.

자기 응시의 문학

흔히들 소위 '환등기 사건'이 루쉰이 의학에서 문학으로 전향하는 계기가 되었다고 회자된다. 환등기 사건이란 일본의 센다이 의학전문학교에서 유학하던 스물여섯의 루쉰이 치욕을 맛본 일이었다. 루쉰이 듣던 세균학 과정은 환등 사진으로 세균의 형태를 보며 수업이 진행되었는데, 사진을 다 돌리고도 시간이 남으면 시사 영화를 틀었다. 당시는 러일전쟁 직후여서 일본 군대의 용맹함을 선전하는 내용이 많았는데, 루쉰은 일본 학생들 한복판에서 러시아 군대의 스파이였던 중국인이 일본군에게 총살당하는 장면을 보았다. 그런데 화면 속에서 그 광경을 빙 둘러 서서 구경하는 사람들도 중국인이었다. 그것이 루쉰에게는 치욕적이었다. 루쉰은 그 길로 의학의 꿈을 접고 중국으로 돌아왔다. 이것을 두고 많은 사람들은 그가 문학으로 중국인의 정신을 개조하기로 결심했다고 말한다.

동포가 지켜보는 가운데서 중국인이 일본군에 참수형을 당하고 있다.

그러나 이런 해석은 너무나 정치적이며 그를 영웅시한다. 루쉰은 영웅이 아니었다. 영웅이 아니었기에 루쉰 문학은 성립할 수 있었다. 화면 속에 등장한 중국인들을 구제해야겠다는 마음이 일기 전에 루쉰은 중국인들에게서 자신을 보았을 것이다.

루쉰의 소설은 짧다. 하지만 이해하기 어렵다. 애매하지 않지만 몹시 불투명하다. 그 까닭은 루쉰이 작품 세계의 바깥에 있지 않기 때문이다. 루쉰의 문학은 암흑을 다루지만 자신은 그 암흑과 분화되지 않는다. 그 암흑을 건드려 자신에게 고통을 안길 때 루쉰은 자신을 의식할 수 있었다. 자신의 암흑은 뒤틀려 있고 복잡했다. 중국의 근대 과정이 그러했다. 루쉰은 자신의 암흑을 구석구석 더듬으며 길을 내야 했다. 자신의 고통을 낱낱이 분석해 추상에 의존하지 않고 여러 인물로 형상화했다. 그래서 루쉰의 소설에서 정형적인 인물은 등장하지 않는다. 그 분석의 과정에 끝이란, 해방이란 존재하지 않는다. 루쉰은 줄곧 자신의 그림자에 시달렸다.

「광인일기」를 쓰기까지 적막이 길었던 것은 그만큼 시달림이 깊었던 까닭이다. 이제 적막을 깨고 루쉰은 암흑 속에서 밝은 빛 아래로 나왔다. 하지만 여전히 그림자를 짊어지고 있다. 빛을 쏟아내는 자리를 향해 앞으로 걷는 동안에도 자신의 존재로 인해 뒤로 그림자가 생긴다. 빛 아래로 나왔지만 여전히 그림자에 마음을 빼앗겨 앞을 향해 걷는데도 뒤를 돌아보느라 엉거주춤이다. 그렇게 그림자에 마음을 빼앗겨 빛을 향해 똑바로 걷지 못하는 자는 선각자가 될 수 없다. 그러나 루쉰의 문학은 그림자에서 눈을 떼지 않았기에 긴 생명력을 가질 수 있었다. 엉거주춤한 자세였기에 루쉰

루쉰의 글이 실린 잡지와 그의 소설. 소설만이 아니라 루쉰의 잡문도 성질이 독특하다. 잡문 속 '나'는 소설 속의 '나'와 달리 등장인물이 아닌 루쉰이다. 그러나 작가 자신을 직접 가리키고 있다고 보기는 어렵다. 그 것은 잡문에 담은 체험과 사색을 매개 삼아 남들과 함 께 실감하고 해당 사안의 무게를 나눠 가질 수 있도록 만들어진 '나'다. 그리하여 자기 신변에 대한 이야기를 꺼내도 루쉰의 잡문은 여느 작가들이 그러하듯 고약한 자의식 냄새나, 아니면 솔직함을 내주는 대신 독자에게 다가갈 권리를 얻겠다는 그런 흥정의 냄새를 풍기지 않는다. 하지만 독자들도 그의 잡문을 읽는다고 그의 체험과 사색을 그대로 자기 것으로 만들 수는 없다. 거 기에는 남의 접근을 가로막는 문턱이 있으며, 독자는 자 기 전환을 통해 자기 안에서 의미를 만들어내야 한다.

은 뒤처졌으나 그런 루쉰의 후진성은 중국 근대의 후진성과 겹쳐지니 따라서 진실했던 것이다.

신산을 핥다

루쉰처럼 고향 사오싱도 몇 차례 이름을 바꿨다. 사오싱이란 명칭이 쓰인 것은 1131년 남송의 황제 고종高宗이 여기에 머물며 '복을 받아서 다시 일어난다'紹祚復興라는 말을 줄여 연호를 '소흥'紹興으로 고치면서였다. 그 전에는 '회계'會稽 또는 '우월'于越로 불렸다. '회계'는 우임금이 이곳에서 숨을 거둬 생긴 이름이다. 이후 그의 아들 계啓는 매년 사자를 보내 이곳에서 제사를 지내게 했고, 6대 소강少康에 이르러서는 제사가 끊길 것을 염려해 아들에게 봉토를 주어 '우월'이라 이름하고 살도록 했다. 춘추시대에는 이곳에 월국越國이 세워졌다. 바로 월나라의 마지막 임금 구천勾踐이 '쓸개를 핥으면서' 복수의 칼을 갈았던 '와신상담'의 고사성어가 여기서 나왔다.

　루쉰은 생애에 여러 차례 신산을 핥았다. 1926년에는 3·18 사건으로 학생들이 군벌에게 학살당했다. 루쉰의 학생들이었으며 루쉰도 수배 명단에 올랐다. 1931년에는 루쉰이 상무 집행위원으로 있던 좌익작가연맹의 청년 작가 다섯 명이 죽임을 당했다. 루쉰의 동료들이었으며 루쉰에게도 체포 명령이 떨어졌다. 루쉰은 내부 망명을 해야 했기에 거처를 자주

옮겨 다녔다. 루쉰에게는 당장 나서서 복수하겠다는 마음도 일었겠으나 그리하지 않았다. "정인군자 왈 자네는 왜 눈도 꿈쩍하지 않고 사람을 죽이는 군벌을 붓으로 베지 않는가, 비겁해서인가? 하지만 나는 살인을 유도하는 수에 놀아나지 않을 작정이다."(『무덤』, 「제기」) 그는 순간의 복수를 탐하는 대신 생애의 쓰라림으로 갚고자 결의했다. 살아가려면 자신의 울분을 토해내야 했으나 한꺼번에 행동으로 옮기지 않았다. 긴 복수를 다짐했다. 그것은 문학의 호흡이었다.

그 울분에는 학살을 일삼는 군벌을 향한 분노만이 아니라 "한 수의 시로 한 발의 포탄을 대신할 수 없다"는 자신의 무력감도 담겨 있었다. 3·18 사건이 터졌을 때 그는 이렇게 적는다. "이것은 한 사건의 결말이 아니라 한 사건의 시작이다. / 먹으로 쓴 거짓말이 절대 피로 써놓은 사실을 감추지는 못할 것이다. / 피의 값은 반드시 같은 것으로 갚아야 한다. 빚이란 오래 밀릴수록 이자를 더 많이 지불해야 하는 법이다." 하지만 이어서 이렇게 쓴다. "이상에서 말한 것은 모두가 빈말이다. 붓으로 쓴 것이 무슨 소용이 있겠는가. / 실탄에 맞아 쏟아지는 것은 청년들의 피다. 피는 먹으로 쓴 거짓말로 가려지지 않으며 먹으로 쓴 만가에도 도취되지 않을 뿐 아니라 그 어떤 힘도 그것을 이미 기만할 수도 압살할 수도 없다."

그리고 자신은 시대의 선각자가 아님도 알고 있었다. 자신의 무력함을 자각했기에 그는 선각자가 되기보다 '역사적 중간물'이 되어 '한 발의 포탄'을 이겨내지는 못하지만 문학의 언어로 시대의 고뇌를 형상화했다. 그는 문학으로 제 몸을 사르고자 불 속으로 뛰어들었으며, 그 속에서 불이 쉽게 꺼지지 않도록 자세를 유지했다. 그의 문학은 오래 연소했고 복수의 향은 멀리 퍼졌다.

고전이 되지 않는 문학

그렇게 연소하다가 루쉰은 1936년 10월 19일에 서거했다. 향년 56세였다. 그는 상하이에서 숨을 거뒀다. 3·18 사건이 발생했을 때 지명수배가 떨어져 베이징을 탈출해 아모이와 광저우를 거쳐 상하이에 온 것이다. 그의 유해 위에는 '민족혼'民族魂이라 적힌 명정이 덮였다.

이번 중국행의 마지막 여정인 상하이로 떠난다. 루쉰이 머물던 시기 상하이는 중국이지만 중국 땅이라 할 수 없는 곳, 중국의 행정력과 경찰력이 미치지 못하는 조계지였다. 루쉰은 상하이에서 집필한 잡문을 모아내며 『차개정잡문』且介亭雜文이라고 제목을 달았다. '租'(조)자에서 '且'를 따고 '界'(계)자에서 '介'를 따서 제목을 지었던 것이다. 식민화되어가던 중국의 현실을 애처롭게 풍자한 것이다.

사오싱에서부터 비가 따라왔다. 이번 여행길에서는 하루도 맑은 날이 없었다. 상하이에 도착해 추적추적 내리는 빗속에서 그가 생을 마감한 다루신춘 자택을 향한다. 지금은 루쉰 유적지로 보존되어 있다. 위층 서재로 올라가면 달력과 시계가 루쉰의 사망 시각을 가리킨 채 멈추어 있다. 이 공간에서는 루쉰의 죽음이 시간마저 데려갔다.

루쉰의 민중장과 그의 무덤. 루쉰의 시신은 민족혼이라는 대형 천에 싸여 상하이 만국공묘萬國公墓에 안장되었다. 국민당 경찰의 감시 속에서도 수천 명의 민중이 루쉰의 장례식에 운집했다. 그 후 1956년 루쉰 서거 20주년을 기념하여 홍커우 공원으로 이장되었다. 이곳은 윤봉길 열사가 의거한 장소기도 하다. 현재는 루쉰의 묘가 보존되어 있어 루쉰 공원이라고도 불린다.

여기서 멀지 않은 곳에 공산당 지도자였던 취추바이와 마오둔, 궈모러 등의 좌련 작가들이 살던 집이 있다. 한 시기 그들이 이 근방에 모여서 살았던 까닭은 일본 해군 육전대 본부가 멀지 않은 곳에 있었기 때문이다. 이제 그 건물은 은행으로 바뀌었지만 옥상의 망루는 보존되어 있다. 일본인들이 흘러넘친 조계지에서는 국민당의 특무特務가 활개를 칠 수 없었다. 바로 중국인인 국민당 특무의 위협에서 몸을 숨기고자 루쉰과 좌익 작가들은 일본 침략자의 어두운 그림자를 활용했다. 이곳에서 그들은 국민당에 맞서고 항일 구국운동을 벌였다.

루쉰의 집 근처에는 일본인인 우치무라 간조가 운영하던 나이산 서점內山書店이 있다. 루쉰은 그곳에 자주 왕래했다. 민족 존망이 걸려 있는 위기의 시대에 일본인 거주 지역에서 살아가며 일본 지식인과 교류하던 루쉰을 보는 곱지 않은 시선이 있었을 것이다. 루쉰은 『차개정잡문』의 「운명」에서 말한다. "나는 곧잘 잡담하러 나이산 서점에 간다. 나를 아니꼽게 여기는 가엾은 '문학가'들은 이를 구실 삼아 내게 '배신자'라는 칭호를 주겠다며 기를 쓰고 있지만, 유감스럽게도 그들은 아직 자신의 바람을 성취하지 못했다."

그처럼 적을 활용해야 하고, 적의 적도 적일 수 있는 부자유한 상황 속에서 그는 정치 감각을 단련했다. 현실 정치에서 그는 약자의 위치, 한계 상황에 놓였지만 그 한계에 근거하여 지배의 와해에 이르고자 고투했다. 그는 현실 정치의 판단을 그대로 따르지 않았다. 자신의 판단 기준을 마련해 권력에 기대어 현실 정치가 자명시하는 전제들을 되물었다. 하지만 루쉰의 가치 판단도 동요했다. 그를 둘러싼 환경이 요동하고 있었기 때문이다. 그래서 문학의 언어로 표현하는 수밖에 없었다. 그에게 문학은 소설이나 산문의 창작 행위가 아니라 환경의 유동성 속에서 자신을 극복해나가는 장場이었다.

루쉰은 근대 중국의 계몽가였다. 그러나 허무의 심연을 끌어안은 계몽가였다. 그는 동요했다. 그렇기에 루쉰은 작가로서 긴 생명을 가질 수 있었다. 그의 문학에는 전통과 혁신, 지옥과 천당, 허무와 반역, 패배감과 복수심 그리고 절망과 희망이 뒤엉켜 있다. 그렇기에 그의 문학은 고전이 되지 않는다. 그 뒤얽힘으로 그가 형상화한 시대적 과제는 아직 해소되지 않았기 때문이다. 그리고 나는 루쉰의 문학에서 되살려내야 할 어떤 정치성을 본다.

생존이 빚어낸 문명의 길,

차마고도

두 가지 신문 기사

떨어지려고 고점을 향하는 롤러코스터 안. 이제까지의 흥분으로 만족할 테니 그만 여기서 멈춰줬으면 하는 바람이 들 때가 있다. 두 달 뒤 쿤밍으로 가는 비행기 티켓을 끊어놓고 점차 출국일이 다가오자 들었던 심정이 그랬다. 일단 비행기에 오르면 여행에 몸을 맡겨야 한다. 날이 갈수록 서울을 떠나선 안 될 이유는 늘어나는데 여행 계획의 빈틈은 곳곳에서 드러난다. 결국 망설이다가 계획 없이 떠나며 막판에 허둥댄 결과는 배낭의 무게로 고스란히 옮겨졌다.

공항에 도착했다. 터미널 천장의 화면들. 컴퓨터가 만들어낸 표지를 보면 여행을 비로소 실감케 된다. 수시로 수많은 도시 이름이 등장하고 사라진다. 저 수많은 도시 가운데 나는 한곳으로 들어갈 테며, 내게 '간다/가지 않는다'는 이제 도시 이름을 보여주는 커서의 깜빡임처럼 0과 1 둘 중의 하나이며, 이미 공항까지 왔다면 선택은 그다지 어렵지 않다.

탑승하며 『한겨레』, 『경향신문』을 한 부씩 골라 들었다. 8월 31일자 신문에는 일본에서 민주당이 압승했다는 소식이 비중 있게 보도되고 있었다. 두 신문 모두 특히 동아시아 외교와 관련해서는 민주당에 기대하는 눈치였다. 내게도 중요한 보도였지만 시선은 예상치 못한 기사에 머물렀다. 먼저 『한겨레』에는 「미얀마 북부 나흘째 교전, 주민 3만 명 중국 피란길」이라는 기사가 나왔다. 미얀마 정부군이 북부 지역의 중국계 소수민족 반군과 교전을 벌여 국경 지대인 윈난 성에는 교전을 피해 도망친 3만여 명의 난민이 국경을 넘어 몰려들고 있다는 소식이었다. 미얀마 군사 정부는 소수민족 민병대를 미얀마군에 통합시키라는 명령을 내렸고, 코캉 지역 지도자들이 이를 거부하자 마약 수색을 명분 삼아 코캉 민병대 지도자인 펑자성의 집을 급습했는데, 이에 민병대 세력이 결집하면서 정부군과의 교전이 시작된 것이다.

미얀마 북부 산중에 있는 코캉은 미얀마 중앙정부의 통치권이 거의 미치지 않는 산악 지역으로 15만 명의 주민 대부분이 중국어를 사용하는 중국계 소수민족이다. 그리고 내가 향하는 쿤밍이 바로 그 소수민족이 국경을 넘고 있는 윈난 성의 성도省都다. 하지만 비행기에서 내린다고 별다른 상황을 접하지는 못할 것이다. 윈난은 서쪽으로 미얀마와 접해 있지만, 남쪽으로는 베트남, 라오스와도 닿아 있을 만큼 광활하다. 그 면적은 한국의 네 배에 이른다. 중국의 지역 소식으로 보도되었지만, 균형감을 갖고 이해하려면 그 물리적 규모에 대한 고려가 필요할 것이다.

미얀마 분쟁에 대한 소식을 좀더 자세히 알고 싶었지만『경향신문』에는 보도되지 않았다. 대신 이런 제목의 기사가 올라왔다.「삼킬 듯 덤비는 강물 천 길 낭떠러지 옛길에 희미한 '마방'의 흔적」. 100명의 대학생 동북아 대장정 대원들이 '차마고도'茶馬古道를 향했다는 소식을 전했다. 상상해온 그 길의 이름을 그곳으로 향하는 비행기 안에서 신문으로 접하자니 묘한 기분이었다. 기사는 차와 말의 교역을 위해 윈난 성과 티베트 고원 사이를 잇는 차마고도를 오갔던 마방들이 이제 사라져가며, 그 길이 관광 코스로 변하고 있다고 알렸다. 아마도 그럴 것이다. 하지만 원래의 무엇에서 그것이 아닌 다른 무엇으로 변했다는 말에는 늘 누락되는 것이 있으며, 하물며 삶과 역사를 표현할 때는 더욱 그러하다. 외부자가 "변했다"며 아쉬움을 토로할 때, 그 아쉬움이 닿지 못하는 곳에서 그곳을 살아가는 사람들은 일상의 얼개를 짜고 있을 것이다.

기사에서 대장정에 참가한 한 학생은 이렇게 말했다. "민속촌이나 상점, 식당에서 볼 수 있는 소수민족들의 모습이 상업화되는 것 같아 아쉽다." 아마 나도 그 모습에 아쉬움을 느끼게 될 것이다. 그러나 여행자로 그 땅을 밟은 나 자신이 그 아쉬움을 낳는 원인의 일부며, 그곳이 상업화되었다고 느낀다면 그것은 내가 거기서 물건과 사람의 노동력을 사고 있기 때문은 아닌지 물어야 한다는 자각을 잊지 않을 것이다.

또 다른 학생은 이런 말을 했다. "마방들이 생명을 걸고 천 길 낭떠러지를 지날 수 있었던 것은 교류의 풍족함을 느꼈기 때문일 거예요. 그들이 맞바꾼 것은 차와 말이 아니라 소수민족들의 다양한 문화였잖아요." 눈살이 찌푸려졌다. 나 역시 자주 범하지만 '교류의 풍족함'이란 말은 지나치게 풍족한 수사 같았으며, 차와 말 "이 아니라" 다양한 문화를 교환했다는 표현도 생존의 무거움에 닿지 못하는 이해다. 생존이 아니라면 인간은 문화 따위를 위해 저런 천 길 낭떠러지를 지나지 못할 테며, 그 생존을 벗어나 문화가 발붙일 곳도 따로 존재하지 않을 것이다. 다시 말해 그 발언은 외부자라는 티가 역력했다. 눈살이 찌푸려졌던 까닭은, 그럼에도 그 학생의 자리와 내가 서 있는 곳이 다르지 않음을 느꼈기 때문이다. 그런 생각을 하다가 쿤밍에 도착했다.

생존의 거리

중국의 속담이라고 들었다. 중국인으로 태어나 평생토록 할 수 없는 것이 세 가지 있으니 중국의 모든 성에 가보는 것이요, 중국의 모든 음식을 먹어보는 것이요, 중국의 모든 언어를 배우는 것이다. 불가능함에 대한 그 속담에서는 중국이라는 규모에 대한 자긍심이 느껴진다. 하지만 한편으로 내부의 복잡한 민족 문제도 짐작된다.

원난 성은 중국에서도 가장 많은 소수민족이 살아가는 땅이다. 중국에서 공식 집계된 56개 소수민족 가운데 타이족傣族·먀오족苗族·이족彝族 등 26개의 소수민족이 이곳에서 살아간다. 이는 1,000만 명 미만의 소수민족은 포함시키지 않은 수치다. 그리고 8개의 소수민족 자치주, 27개의 자치현이 있다.

원난은 남쪽 변방의 땅이다. 원난 성이 설치된 것은 청대인 17세기 말이지만, 거슬러 올라가면 삼국시대에 유비가 조조에게 쫓기고 쫓겨 멀리 내려가 세운 나라 촉한이 이곳에 자리잡았다. 그 후로는 타이족의 남조국南詔國과 대리국大理國 등이 세워졌으며, 중앙정부의 지배를 받게 된 것은 청대에 이르러서였다. 차마고도는 이 변방의 땅을 거대한 순환의 중심지로 만들었고 수많은 소수민족을 이어놓았다.

하지만 차마고도를 그저 '원난의 길'로 내버려두지 않고 실크로드에 버금가는 대교역로로 만든 것은 티베트의 생존 문제였다. 티베트인의 목마름을 향해 차마고도는 생명수를 실어 날랐다. 원난에서 차마고도가 시작

된 시기, 티베트로 불교가 전래된 시기, 티베트인이 차를 알게 된 시기는 대체로 일치하는데, 모두 7세기 무렵이었다.

히말라야가 세계의 지붕이라면 티베트인들은 세계의 지붕 위에서 살아가는 존재다. 그 고도에서는 풀이 잘 자라지 않으며, 티베트인들은 채소를 구하기가 힘들다. 야크가 거의 유일한 영양원이었다. 티베트인들은 야크로 이동하고, 야크 털로 추위를 막고, 야크 똥을 말려 연료로 쓰고, 야크 젖을 마시고, 야크 고기를 먹는다.

티베트의 사진을 보면 아름답다. 대지는 표면이 벗겨져 있어 물질감이 살아 있으며 하늘은 창공의 담청색이다. 노인들의 거친 피부와 깊은 주름살은 신산의 세월을 전하는 듯하다. 그들의 무표정한 표정을 그 땅, 그 하늘과 함께 담으면 자연도 인간도 날것인 채로 우리를 응시하고 말을 건네는 것 같다. 하지만 자연과 사람의 거친 피부는 말해준다. 그곳은 고도가 너무 높고 티베트인들에게는 비타민이 절대 부족하다. 그런 그들에게 7세기에 차가 소개되었다. 차는 생존을 위한 선물이었다. 그리고 나라의 운명에는 저주였다.

인간만이 비타민을 필요로 하는 것은 아니다. 가축에게도 필요하다. 그래서 사람은 야크 버터를 넣은 수유차를 마시고, 질 낮은 차는 가축에게 먹인다. 또한 비슷한 무렵 전래된 불교가 티베트에서 독특하게 발전하면서 차는 티베트 불교의 일부가 되었다. 그런데 차가 티베트의 삶으로 깊숙이 뿌리를 내리자 이제 차의 공급줄은 티베트인의 숨줄이 되었다.

14세기 명태종 주원장朱元璋은 대도하를 통해 차의 공급줄을 잡았고 티베트인의 숨줄을 쥐었다. 자신의 정치적 포부에 따라 차 무역을 끊을 수도 있었던 것이다. 그래서 티베트인은 차를 얻고자 대량의 말을 거저 내놓았다. 그들에게 차는 '따뜻한 한 모금의 여유'를 뜻하지 않았다. 하루하루를 살아가기 위한 양식이었다.

KBS에서 제작한 5부작 다큐멘터리 〈차마고도〉가 있다. 거기서 본 한 장면이다. 윈난의 마방에게 물었다. 이것을 티베트에 가져다가 팔면 얼마나 남죠? "여기서 10위안이면 라싸에서 50~60위안 정도는 되죠." 왜 그렇게 가격이 올라가죠? "험하고 먼 길을 왔는데 당연한 일 아닌가요." 마방의 이 말을 들었을 때는 가격이란 모름지기 수요와 공급이 함께 결정할 터인데 자기 고생에만 너무 높은 값을 매긴다는 인상을 받았다. 그 마방은 또 말했다. "우리도 가려면 돈이 듭니다." 그의 논리는 간단했다. 차를 지고 차마고도를 건너가려면 힘도 들고 돈도 든다. 그래서 대여섯 배는 받아야 한다. 그렇다. 이 거래는 독점 공급에 가까울 것이다. 차의 생산비도 뭣도 가격 결정에 그다지 영향을 주지 못하며 마방의 고생만큼 가격은 치솟는다. 티베트인들에게는 생존이 달린 찻잎이기 때문이다. 하지만 마방에게도 그 교역은 생존의 몸짓이었으리라. 티베트인이 차를 원하는 만큼의 절실함으로 마방이 티베트인의 말을 원하지는 않았겠지만, 그 멀고도 험준한 길을 떠나게 만든 것이 있다면 그것은 생존이어야 한다. 그 생존의 길은 새와 쥐만이 다닌다고 하여 차마고도는 조로서도 鳥路鼠道라고도 불린다.

"멀고 먼"이란 표현은 그런 차마고도를 수식하기에 적합하다. 차를 생산하는 윈난의 남부에서 티베트로 들어가기 전의 샹그릴라까지 2,000킬

로미터가 넘고, 거기서 라싸까지가 또 1,500킬로미터다. 멀고 또 멀다. 물론 라싸에 푸얼차를 팔려고 한 마방이 푸얼에서부터 라싸까지 차를 운반하지는 않는다. 마방은 다리, 리장, 샹그릴라 등지에서 조직되어 험준한 횡단산맥을 넘기 전에 채비를 갖춘다.

차마고도의 높낮이는 차마고도의 길이를 또 한 번 상상할 수 없을 만큼 잡아 늘린다. 차마고도는 해발 1,700미터와 5,000미터를 오르내린다. 그 길을 펼쳐놓는다면 대체 얼마만큼의 길이일까. 그 길이를 계산해내본들 차마고도를 건너는 지난함은 또 얼마나 전달될 것인가. 1930년대 일본이 중국을 반식민 상태로 만들어 국제 교역을 차단시켰을 때도 이 차마고도만큼은 차단하지 못했다. 마방, 그들은 더 이상 마땅한 수사를 고르기조차 힘든 그 길을 지나갔을 뿐만 아니라 만들어냈다.

차마고도는 관점이다

차마고도에는 설산과 호수, 초원이 곳곳에 포진해 있다. 어디서도 찾아볼 수 없는 아름다움으로 빚어진 그 길은, 그러나 마방에게는 무사 귀환을 기원하는 제사를 요구한다. 행렬이 멈추면 말은 풀을 뜯고 인간은 기도를 드린다. 길가의 마니석 돌무더기, 풍파 속에서 바란 만트라 "옴 마니 팟메훔"(온 우주[Om]에 충만한 지혜[mani]와 자비[padme]가 지상의 모든 존재[hum]에게 그대로 실현될지라), 바위에 새겨진 불상, 제사 지내는 터들이 마방의 행로와 함께한다. 어찌 보면 차마고도는 순례의 길이다. 생존을 위해 감히 범접하기 어려운 신들의 땅에 길을 냈다. 그곳에는 산을 일으킨 태곳적 힘과 대지의 풍요로움, 삶의 고단함이 공존한다. 이 길은 확실히 종교적 감정을 불러일으킨다.

실제로 독실한 티베트인들에게 라싸로 향하는 차마고도는 생활을 접어두고 한 번은 떠나고픈 인내와 믿음의 길이다. 걷기도 힘든 이 길을 그들은 오체투지로 나선다. 몇 걸음 걷고 온몸이 땅에 닿도록 절하며, 그렇게 자신을 최대한 낮춘다. 마방보다도 오래도록, 100일도 200일도 넘는 시간 동안 고난의 순례길을 마치고 나서 그들은 티베트 사원의 심장인 조캉 사원에 다다른다. 거기서 또다시 올리는 만 번의 기도. 그러고는 남아서 구도자의 길을 걷거나, 비로소 자신의 생활로 돌아간다.

차마고도 위의 일상이란 하루가 집으로 마무리되지 않는다. 움직인다는 사실만이 자명할 뿐 집이 대변하는 안전성과 주기성 바깥에 놓여 있으며, 때로는 해가 바뀌어야 집으로 돌아간다. 마방에게 필요한 종교, 신의 축복이란 농사 짓는 이들의 그것과 다르리라. 계절이라는 자연의 긴 호흡 아래 살아가지만, 일과가 끝나면 집이 품어주는 농사꾼 혹은 정착민과 달리 마방은 계곡에서 계곡으로, 촌락에서 촌락으로, 강에서 설산으로 집이 아닌 곳으로 전전한다. 그 생활의 주기란 농사꾼보다 뱃사람에 가까울지 모른다. 아니, 뱃사람에게는 넘어야 할 산이 없으니 달리 비교할 대상을 찾기란 힘들 것이다.

하지만 마방은 집을 떠나는 대신 길 위에 마을의 씨를 뿌렸다. 마방들

은 주막에 모여 물건을 집산하는 역참驛站을 만들었고 그곳은 세월이 지나며 마을이 되었다. 길과 마을은 함께 성장했다. 그리고 마방은 산과 강으로 갈라져 있는 소수민족의 마을들을 이어주었다. 차마고도라는 대동맥은 무수한 소수민족의 마을이라는 모세혈관을 통해 피를 공급받는다.

그리하여 차마고도는 하나의 관점이다. 중국 사회의 넓이와 깊이를 이해하는 관점이자, 소수민족의 유동성을 이해하는 관점이며, 문화적 교섭을 이해하는 관점이다. 그 관점은 정주적인 것, 제국적인 것과 갈라선다. 그리고 차마고도라는 관점은 실크로드라는 또 하나의 관점과 비교해보아도 그 의미가 분명히 다르다. 북방의 길 실크로드는 서역의 길이며, 따라서 동방과 서방의 만남을 상징한다. 그때 동과 서는 기실 중국과 유럽을 가리키며, 실크로드 자체가 중국의 비단이 로마 제국으로 흘러들어간다 하여 생긴 말이다.

실크로드는 길이지만 다면적이기보다 단극적이다. 혹은 차마고도라는 명칭이 교역 품목인 차와 말을 동시에 보여주며, 즉 윈난과 티베트라는 교류의 당사자를 좀더 뚜렷이 드러낸다면, 실크로드는 유럽이 필요로 했던 중국의 비단만을 표시하고 있다. 그리하여 모든 길은 중국으로 향한다는 듯이 실크로드는 단극적이다.

물론 중국과 유럽 사이에서 실크로드는 북아시아 유목민을 매개로 하는 스텝 지대의 교역로와 남방의 남해제국南海諸國을 매개로 하는 해상 교역로를 끌어안았다. 분명 실크로드는 중국과 다른 세계의 만남을 상징한다. 하지만 실크로드의 주요 서사는 중국이 세계의 중심이자 경계 없는 제국이었음을 보여주며, 중국과 유럽 이외의 지역은 매개물로 머문 채 중국이 실크로드를 통해 다음 시대의 패권자가 될 유럽을 양육했다는 인상마저 풍긴다.

하지만 실크로드보다 두 세기 먼저 개척된 길 차마고도는 다른 흐름을 갖는다. 만약 윈난과 티베트까지의 교역으로만 한정한다면 거기서는 중국 변방사가 작성될 것이며(그 변방사에는 남방의 소수민족만이 아니라 차마고도를 통해 중화제국이 들여온 말들의 발굽 소리에 쫓겨난 북방민족도 포함될지 모른다), 실크로드와 달리 제국보다는 소수민족의 역할이 부각될 것이다. 또한 중국을 벗어나 시야를 넓힌다면, 차마고도는 티베트를 타고 넘어가 네팔, 부탄, 인도, 아프가니스탄에 닿아 남아시아로 이어져 티베트와 네팔, 부탄 등 히말라야 동부의 유목 문화권과 윈난, 쓰촨을 중심으로 한 농업 사회를 연결한다. 그렇다면 중국과 유럽이라는 제국 간의 교류와는 다른 질감의 역사적 만남이 부각될 것이다.

소수민족이 수놓은 길

차마고도는 무수한 길들로 이어져 있지만 경로는 크게 두 가지다. 하나는 윈난 성의 푸얼차 원산지인 시솽반나, 쓰마오 등지에서 출발해 다리, 리장, 샹그릴라, 더친을 지나 티베트의 뤄룽, 자리 등을 경유해 라싸에 도착하고, 거기서 다시 간체, 야동을 거쳐 네팔 아니면 인도로 갈리는 길이다.

다른 하나는 쓰촨 성의 야안에서 출발해 루띵, 캉띵, 리탕, 바탕, 참도를 거쳐 앞의 경로로 이어져 라싸에 다다른다. 이쪽은 정부의 장악력이 보다 크다. 이런 두 가지 주요 경로를 따라 무수한 길들이 윈난, 티베트, 쓰촨을 가로지르며 이어져 있다.

내가 오른 길은 첫 번째 경로다. 여행자들이 육로로 티베트를 향할 때 일반적으로 이용하는 경로기도 하다. 그러나 내가 지나는 것은 길, 즉 선이지만 내가 지닌 정보는 도시, 즉 점의 형태를 띠고 있다. 그리고 티베트를 향하는 동안 거쳐 간 도시들은 가이드북에 항목별로 소개되어 있다. 먼저, 간단한 역사적 연원이 나온다. 그 도시들은 과거 한 나라의 땅이 아니었다. 둘째, 만약 그곳이 어느 나라의 수도거나 주요 도시였다면, 거기에는 고성古城이 있을 것이다. 가이드북은 고성 안팎의 관광지를 소개한다. 셋째, 각 지역 소수민족에 대한 설명이 나온다. 소수민족의 연원과 인구 분포, 의상 등의 풍습에 대한 간략한 소개가 따른다. 중국 속 서로 다른 역사를 지닌 땅, 고풍스러운 고성을 거닐며 소수민족을 만난다. 이것이 관광 포인트다. "소수민족의 풍치를 한껏 느낀다면, 여행자는 흥취를 더할 수 있을 것이다."

하지만 소수민족의 상품화가 알고 있는 사실이더라도 한국이라는 단일민족 신화의 사회를 살아온 내게 소수민족은 눈에 띄면 눈길이 가는 존재였다. 그들이 소수민족임을 내가 알아차릴 수 있는 표지란 기껏해야 차림새지만, 화려하지 않은 의상조차 내게는 자극적이었다.

쿤밍을 떠나 도착한 도시 다리는 본격적으로 차마고도에 들어서는 기

관광의 계절, 고성의 밤.

점이자 마방들이 집결해 장이 열리고 티베트로 떠날 채비를 하는 거점이었다. 반세기 전만 해도 차 시장이 제법 성황이었다던데 지금은 쇠퇴한 기색이다. 하지만 여전히 장이 서고 있다. 이곳의 특산품으로 우리에게 친숙한 것이라면 건축재나 공예품에 쓰이는 대리석. 단단하면서도 섬세한 대리석은 다리大理라는 이름에서 유래했다.

1,300년 전 주변의 민족들을 통합해 이곳에서 등장한 나라가 남조국이다. 724년 당 현종은 남조국의 차 무역을 독차지하고자 군대를 보냈으나 200만 대군이 얼하이에 수장당했다고 한다. 전쟁을 묘사할 때면 으레 그러하듯 대군의 숫자는 과장된 것이겠지만 차마고도를 독점하기 위한 욕구의 크기만큼은 잘 보여준다. 차마고도 위로는 사람이 다니고 상품이 오가고 돈이 돈다. 길을 차지한다면 사람도 상품도 돈도 움직일 수 있다. 13세기 몽고의 쿠빌라이 칸에게 멸망당하기 전까지 다리는 대리국의 수도로서 중국과 미얀마 간 중개무역을 담당하며 번영했다.

이 지역에는 바이족白族이 많이 거주한다. 그들은 흰색을 숭배해 하얀 옷을 즐겨 입는다. 집은 햇빛을 반사시키고자 외벽을 하얗게 칠하고 벽에 창문을 두지 않는다. 그런 까닭에 어떤 이들은 바이족이 백의민족의 후예이며, 몽고항쟁 때 끌려온 고려의 선조들이 돌아가지 못한 채 이곳으로 남하했다는 주장을 내놓는다. 바이족에게는 장 담그는 문화가 있는데 당연히 실증 재료의 몫으로 사용된다. 하지만 소수민족이라고 해도 160만 명에 다다르고, 그들은 고려 시대 이전에 민족적 기원을 이뤘다. 나는 저런 백의민족 운운하는 주장이 그래서 어떻다는 것인지 자못 궁금하다. 설령

바이족이 한민족의 갈래라고 해보자. 그래서 대체 어쩌자는 것인가.

잠시 사족인데, 문자가 없던 인도네시아의 찌아찌아족이 훈민정음학회의 건의에 따라 자신의 토착어인 찌아찌아어를 표기할 공식 문자로 한글을 도입했다는 보도가 나온 적 있다. 그 기사를 보도한 신문들은 대개가 "쾌거"라는 논조였다. 하지만 무엇이 쾌거인지 곱씹어보면 의미가 묘하다. 그들은 한국어를 사용하게 된 것이 아니라 표기법으로 한글을 도입한 것이다. 찌아찌아족의 한글 사용이 쾌거일 수 있다면, 그것은 '한글=한국어=한국인 사용 언어'라는 암묵의 도식이 깨질 수 있음을 보여줬기 때문일 텐데, 무언가 민족적 우수함으로 열등한 민족을 감화시킨 사례처럼 보도된 것이다.

다리를 넘어가 리장에 다다랐다. 리장 일대에는 많은 나시족納西族이 살아간다. 이들은 티베트 유목민의 후예로서 약 1,400년 전 이곳에 거주한 것으로 알려져 있다. 그들은 둥파 왕국을 건설해 13세기까지 독립을 누렸으며, 이후에도 한족의 지배에 격렬하게 저항하여 중앙정부는 이곳에 관리를 쉽게 파견할 수 없었다고 한다. 그리하여 중앙정부에 대항하지 않겠다는 조건으로 자치를 허락받아 원래의 왕족인 무木씨가 평민인 허和씨를 통치했다. 나시족이 사용하는 둥파 문자는 상형문자다. 그리고 나시족은 모계사회의 요소를 간직하고 있는데 여자가 생산을 도맡아서 하고 남자들은 좀처럼 일을 나가지 않는단다.

하지만 정말로 모계중심사회를 이루며 살아가는 민족은 가까이의 루구호에 모여 사는 모쒀족摩梭族이다. 이들은 결혼을 하지 않는다. 남녀가 호

쑹찬린스. 윈난 성에서 가장 큰 티베트 사원으로 작은 포탈라 궁이라고 불린다. 1679년에 지어졌다. 한때는 3,000여 명의 라마승이 이곳에서 유숙했으며 지금도 700명의 승려가 수행하고 있다. 대전은 1,600명이 모여 기도를 드릴 수 있을 정도로 넓다.

감을 느끼면 남자가 술, 담배, 차 등의 선물을 들고 여자 집에 찾아가는데 이 선물을 조상에게 바쳐 둘은 연인 관계가 된다. 둘은 밤에 여자의 집에서 관계를 갖고, 낮이 되면 남자는 집을 떠난다. 사랑이 식으면 헤어지고, 아이가 태어나면 어머니의 성을 따르며, 재산 또한 맏딸에게 양도된다. 여자가 원한다면 남자도 함께 살 수 있으며, 헤어지면 아이는 어머니에게 귀속된다. 어머니를 기준으로 가족이 형성되니 아버지가 다른 아이들이 한 어머니와 함께 살아간다.

리장을 거쳐 샹그릴라에 도착하면 여기서부터는 티베트의 땅이다. 원래 티베트 땅이던 곳이 중국에게 점령당할 때 윈난 성으로 편입되었다. 쑹찬린스를 보면 이곳이 티베트의 동쪽 경계임을 알게 된다. 해발 3,000미터를 훌쩍 넘는 고도에 하늘이 갑자기 가깝게 느껴진다면 티베트도 그만큼 가까워진 것이다.

마방의 차마고도와 관광객의 차마고도

나는 그 길 위에 있었지만 그 길을 가로지르지는 않았다. 선을 따라 차마고도와 밀착하지 않은 채 점에서 점으로 건너뛰었을 따름이다. 하루의 일과는 고성 안 호텔에서 마무리되었고, 이동은 때로 지프 혹은 버스를 통해 닦여진 도로에서 빠르게 이뤄졌다. 마방과 같은 길 위에 있었지만 나는 다른 길에 속해 있었다. 빠른 속도로 도로를 주파할 때, 외부 사물은 고유의 거칠음을 잃은 채 매끈한 파노라마의 대상이 되어 내게 굴복한다. 나와 같은 관광객을 실어 나르는 대형 버스는 일상을 나르는 자전거와 경운기를 커다란 경적 소리로 위협하며, 추월할 때면 뒤로 매연을 한가득 뿜었다.

도로 위에 쓰러져 있는 개들의 시체를 보았다. 이렇게 빨리 지나가야 하는 길이라면 그 주검은 누가 언제 걷어가지. 개들의 시체는 어떤 존재들의 사멸을 상기시켰지만, 너무 직관적인 것 같아 연상을 자제하기로 했다.

관광객의 차마고도. 나는 마방의 차마고도를 낭만화한 관광객의 차마고도 위에 있다. 하늘과 가장 가까운 길, 가장 오래된 인간의 교역로를 호텔과 버스 서비스에 의존해 들러본다. 관광객의 차마고도는 성업 중이다. 길은 새로 뚫리고 넓어지고 있다. 비좁았던 마방의 차마고도는 사라져간다. 차마고도는 주목받은 그 순간부터 마방의 발에서 관광객의 눈으로 옮겨지고 있다. 차마고도와 이어져 있는 라다크가 서구 문명에 물들지 않은 '오래된 미래'로 알려지자 라다크의 현재가 라다크인의 과거로부터 이탈하기 시작했듯이 말이다. 나와 같은 관광객은 마방이 다니던 마을로 몰려들고 여행사는 마방의 차마고도를 맛볼 기회를 판매한다. 과거 차마고도를 통해 들어오던 차가 티베트인에게 더할 나위 없이 희소한 양식이었다면, 이제는 차마고도 자체가 상품이며, 고산증마저 여행 코스에 희소가치를 더하는 부가물이 되어준다.

티베트인들은 여전히 차를 필요로 하지만 더 이상 마방만이 유일한 공급원은 아니다. 티베트로 도로가 뚫리고 베이징에서 이틀 만에 다다를 수 있는 철도가 개통되면서 마방은 입지를 잃고 말았다. 대신 과거 그들이 생명을 담보 삼아 떠났던 길을 보겠다며 나 같은 관광객들이 멀리서 찾아오고 있다. 떠나야 했던 자들은 떠나온 자들로 인해 떠날 필요를 잃었다. 이제 유럽과 아시아 등지의 관광객을 상대로 객잔客棧을 내고 여행사를 차리고 가이드를 하고 레스토랑을 운영한다. 차마고도를 수놓은 소수민족들의 삶도 차마고도의 관광화에 내맡겨졌다. 소수민족의 장신구는 기념품으로, 그 차림새는 10위안짜리 즉석 촬영 상품이 되고 있다.

마방의 차마고도는 1,000년 넘는 역사의 숨결을 간직하고 있지만, 이제 마지막 거친 숨을 내쉬고 있는 중인지 모른다. 마방은 차마고도의 주인공 자리에서 물러나려 하고 있다. 생존의 치열함으로 이질적인 역사와 문화가 교착했던 이 길을, 그 다양성을 끌어안으면서도 중화시키는 관광이라는 파도가 뒤덮고 있다.

마방의 차마고도와 관광객의 차마고도. 하지만 관광객이, 외부자가 꺼내는 "변했다"라는 표현에는 역시 누락되는 것이 많게 마련이며, 차마고도의 관광화를 아쉬워하는 내 감정은 그다지 정제된 것이 아니어서 나는 아쉬움에 머물기가 저어된다. 그 아쉬움의 상당 부분은 실상 차마고도 위의 삶이 시간에 때 타지 않고 내가 바라는 모습으로 남아 있기를 바라는 기대 심리에서 비롯된 것이기 때문이다.

물론 5년 전 다녀왔던 샹그릴라가 이번에 와서 보니 변해서 아쉬울 수는 있다. 그러나 그 감상은 온전히 여행자의 몫이다. 거기서 살아가는 사람들이 "상품화되었네, 오염되었네"라는 유권해석의 특권은 5년 만에 찾아온 여행자에게 허락되지 않는다. 그들은 여행자의 기대를 만족시키고

자 멈춰 있는 존재가 아니다.

남들의 삶에 말을 보태려면 자신도 무언가를 걸어야 하며, 그 점을 간과한다면 감정은 쉽게 과장된다. 그리하여 자기 감상에 치우쳐 남들의 삶의 굴곡도 섣불리 아름답게 묘사한다. 문장이 내용에 봉사하는 게 아니라 문장의 기교를 위해 내용의 알맹이가 희생된다. 그런데도 기교를 한껏 부린 문장은 글 쓰는 이의 알량한 양심을 달래준다. 과장된 감정과 수사는 잉여분인 까닭에 그렇게 쉽사리 바깥으로 나올 수 있는 것이다. 나는 내 글에서 그 징후를 자주 본다.

이제 차마고도를 떠난다. 하지만 차마고도에서 갖게 된 고민은 이곳을 떠난다고 사라지지는 않을 것이다. 생존의 장소와 관광의 장소가 뒤섞이고 내부의 감각과 외부의 관점이 맞부딪히는 공간이 현재 차마고도의 한 가지 면모라면, 이번 여행길에서 나는 몇 번이고 차마고도를 경험할 것이다. 물론 긴 여행길에서 만날 각기 다른 삶의 양상을 섣불리 뭉뚱그려서는 안 될 것이다.

『즐거운 학문』에서 니체는 말했다. "약한 시력의 특징은 만물을 비슷하게 보고 동일하게 만들려는 것이다." 여기에 『미니마 모랄리아』에 나온 아도르노의 말을 보태고 싶다. "오늘날 사유하는 자에게 요구되는 것은 매 순간 '사물들' 안에 있으면서 또한 그 바깥에 있어야 한다는 것이다. 자신의 머리끄덩이를 잡고 늪에서 빠져나와야 한다." 내가 발 딛고 있는 현지에 속해 있지 않다는 한계이자 조건을 나는 여행의 사고를 위한 미묘한 거리감으로 간직하고자 한다.

추하고 왜곡된 환경에서조차 살아 있다는 신성함은 빛을 발한다. 그러나 그 빛은 똑바로 뻗어 나오는 게 아니라 굴절된다. 아름다운 것은 살아 있기에 이미 추하다. 넘치는 건강은 자체로 이미 병이다. 해독제는 병, 즉 삶의 유한성을 자각하는 일이다. 삶을 숭상한답시고 병을 부인한다면 그런 삶은 뻔뻔스러워지고 그런 여행은 허풍스러워진다. 만약 여행지에 대한 나의 감상이 현지의 삶과 어느 구석에서 조금이라도 맞닿으려면, 아름다움과 추함, 건강과 병듦은 함께한다는 이 사실로부터 출발해야 할 것이다.

8

텍스트로서의 장소,

샹그릴라

장소의 상상과 상상의 역사성

> 인간은 항상 자아를 벗어나 공간과 시간을 초월한 다른 땅으로 가기를
> 열망한다. 그곳은 방랑의 장소이자 동시에 귀향의 장소로 여겨진다. ―르
> 부리

몇 년 전 어떤 책을 들추다가 이 문구를 접했을 때 몹시 그럴듯했다. 낭만적으로까지 느껴졌다. 책상머리 앞이었지만, 여행을 동경하고 상상하게 만드는 문구였다. 하지만 시간은 흐르고 나는 변하고 노트 한구석에 적어둔 문구는 빛이 바랜다. 여행이 길어지고 나서 이 문구를 오랜만에 발견했을 때, 예전의 감흥은 이미 사라졌다. 대신 두 문장이 하나로서 완결성을 품던 저 문구는 한 어절에서 다른 어절로 넘어갈 때마다 삐걱거리며 파열음을 냈으며 거기서 물음들이 흘러나왔다.

"인간"이라는 통칭을 저리 쉽게 사용해도 될까. 다른 땅을 그토록 열망하고 있으며 또 열망할 수 있는 인간은 누구인가. "항상"이라는 말 앞에는 어떤 사회적·감정적 상태가 조건절로 붙어야 하지 않을까. "자아를 벗어나"라는 대목 역시, 지난 여행을 되돌아보면 나는 정신적 자유를 원했지만 언제나 자아(와 모어사회)라는 '맥락'을 짊어지고 낯선 장소를 찾았으며, 결국 여행하는 동안 사고의 공간이 마련된 것은 자아와 현지 사회 그리고 다른 여행자들이 빚어내는 맥락들 사이의 간극과 충돌로 부대꼈기 때문이 아니던가. 그런 의미에서 어떠한 "다른 땅"에서도 나는 한 번도

"공간과 시간을 초월한" 적이 없었다. 그리고 앞 문장보다 매력적이라고 느껴졌던 두 번째 문장, 만약 여행의 장소가 "방랑의 장소"이자 "귀향의 장소"일 수 있었다면 바로 초월할 수 없는 공간, 극복할 수 없는 시간 속에서 결국 어디를 가나 존재의 축소감을 느끼고 거기에 시달렸기 때문이 아니던가.

물음들이 산만해진다. 나는 저 "다른 땅", 어떤 장소를 상상하는 일과 그 상상을 둘러싼 자아(혹은 모어사회의 맥락)와 이동(방랑과 귀향을 아우르는)의 관계를 생각해보고 싶은 것이다. 한 장소를 상상한다는 것이 단지 가상의 물리적 배치를 떠올려보는 일은 아니다. 장소에 대한 상상은 육체와 사회와 세계가 맺는 관계에 대한 의식을 품는다. 한낱 망상이 아니라면, 장소에 대한 상상은 늘 담론적이고 수행적이며, 따라서 거기에는 상상하는 주체의 조건이 묻어난다. 주체의 조건은 상상의 장소로 투영되고 각인된다. 양각화되거나 때로 음각화된다.

자아를 벗어난다는 르 부리의 저 진술도 실은 유럽이라는 맥락으로부터 자유롭지 못할 것이다. 오히려 유럽은 장소에 대한 다양한 유형의 상상을 가지고 있었으며, 상상의 내용이 상상의 물적 토대를 어떻게 반영하는지를 잘 보여준다. 유럽은(유럽이라며 단수로 부를 실체가 있는지, 있더라도 어느 시기로 한정해 그 표현을 써야 할지는 따져 물어야 하겠지만, 만약 전에 없던 장소를 꿈꾸며 그 상상으로 자기 인식을 획득해간 어떠한 운동체를 유럽이라고 불러본다면) 유럽의 안과 바깥 그리고 과거와 미래를 향해 자신이 투사해온 상상의 모습 속에서 거꾸로 자신의 모습이 잘 드러나고 있다.

유토피아, 그것을 토마스 모어의 소설로 한정하지 않는다면, 유토피아는 자기 극복을 기도한 유럽의 어떤 상상력에 붙여진 이름이었다. 사회가 지닌 불평등과 억압은 정의와 자유가 숨 쉬는 유토피아 상상과 결합되었다. 과거를 향한 향수로는 그 첫 장에 호머의 『오디세이』에 묘사된 도시국가 파에아키아가 등장할 테며, 르네상스 이후로는 토마스 모어의 『유토피아』가 도시 형태의 이상 세계를 계승했으며, 신의 도시, 영원한 도시, 언덕 위의 도시 등 여러 변주가 이어졌다. 유토피아는 어디에도 없는 장소를 뜻하지만, 한낱 공상을 뜻하지는 않았다. 정의와 진리, 동정과 사랑, 공평과 조화에 대한 열망이 피어오르던 시대에 사회 계획가들은 대개가 유토피아 사상가였다. 오웬, 푸리에, 하워드 등은 유토피아적 공간을 편성하고 직접 실험하기도 했다.

그러나 유토피아 상상은 실체화되는 과정에서 의도는 소멸되고 기획은 타락한다. 자유를 향유하던 고대의 도시에는 부패와 환락이 독버섯처럼 피어나 소돔과 고모라가 그렇듯 파괴가 되풀이되며, 사회의 질서를 기도한 근대의 도시는 인간의 생리를 유토피아적 도해에 끼워 맞추다가 팬옵티콘을 낳는다. 빛의 공간에 그림자가 드리우고 유토피아는 디스토피아로 역전된다. 하지만 변질되고 타락할 수 있었던 것은 바로 새로운 장소에 대한 상상이 현실에서 유리되지 않고 긴장관계를 지닌 채 현실과 밀착되어 있었기 때문이다. 유럽이 유럽 안에서 새로운 장소를 꿈꿨을 때 그 상상은 비판적critical이며, 동시에 위기적critical이었다.

아마도 유럽 전역으로 퍼져나간 그 상상의 대표적 사례라면, 종교적 시간성과 결합된 천년왕국이 아니었을까. 천년이라는 약속의 시간이 현세에서 구현되어야 하고, 때로는 앞당겨야 할 '과제로서의 시간'이 되었을 때 천년왕국을 현실화하려는 시도는 농민 봉기로 유럽을 뒤덮고 때로는 권력 쟁투의 촉매제가 되었으나, 천년이 현세와 내세를 가르는 절대적 단층이 되었을 때 천년왕국은 '인민의 아편'이 되어 피안의 세계가 현세를 구속하게 만들었다.

바깥을 향한 장소의 상상

그러나 도래할 장소에 대한 상상이 유럽 내부에서만 그 장소를 구하지는 않았다. 르 부리의 저 낭만적인 진술 속의 "다른 땅"은 자기 사회의 바깥을 가리키며, 낭만적인 만큼 그 상상은 덜 위험하다. 그곳은 현실 개혁의 장소가 아닌 '여행'의 장소며, 그만큼 현실과의 안전한 거리를 확보하고 있다.

13세기 마르코 폴로의 중국 기행은 유럽인들에게 잘 알려진 동양에 대한 '대하소설'(텍스트로서의 동양)의 머리말에 해당될 것이다. 그러나 이 드라마의 본격적인 1막은 16세기 지리상의 발견이 불러일으킨 소위 '신대륙'을 향한 유럽인의 의식과 권력의 팽창으로 시작된다. 만약 신대륙이 신세계이고 구대륙에는 존재하지 않는 낙원이라면, 그래서 새로운 세계를 마음껏 꿈꿀 수 있는 장소이려면, 거기에 인류와 문명은 존재하지 않아야 했다. 하지만 신대륙에는 인간도 문명도 존재했다. 따라서 신대륙을 향한 상상은 여러 양상으로 굴절되는 수밖에 없었다.

탐험가 아메리고 베스푸치는 『신세계』를 집필해 신대륙을 사유재산을 소유하지 않고 자연과 조화를 이루는 곳으로 묘사했다. 한편 정복자 코르테스는 황금의 나라 '엘 도라도'El dorado를 꿈꾸며 대서양을 건너갔다. 그리고 신부 라스카사스는 선주민을 향한 선교 활동과 정복자에 맞선 정치 활동을 병행하며 신대륙에 대한 구세계 인간의 자기도취적 상상력에 질타를 가했다. 그는 선주민의 인권 논쟁을 일으키고 신대륙을 통해 구세계 비판에 나섰다. 이처럼 신대륙은 그저 유럽의 바깥일 수 없었다. 유럽이 거대한 식민의 영토로 삼으려 했기에 아메리카는 유럽의 외부에 존재하는 내부였으며, 따라서 신대륙을 향한 상상은 그 미묘한 거리감으로 말미암아 유럽 내부에서 정치적·사상적 논쟁을 격발시켰다.

한편 동양이라는 대상은 또 달랐다. 신대륙이 개척하고 이주할 땅이라면, 동양은 마르코 폴로의 기행이 그렇듯 신비로운 여행의 장소에 가까웠다. 17세기 무렵까지도 중동 너머의 지식은 백짓장에 가까웠고 나체 수행자, 전제적 황제 등의 갖가지 신비로운 이미지가 어렴풋하게 밑그림으로 깔려 있었을 따름이다. 그러나 점차 예수회 선교사로부터, 나중에는 탐험가와 식민지 행정가로부터, 마지막에는 학자와 구도자로부터 동양이 보고되었다.

아직 동양에 대한 물질 문명적 우위를 확보하지 못했던 시대, 동양을 다룬 유럽의 많은 작품은 동양을 과장된 이미지로 부풀려놓았다. 동양은

마술적이고 때로는 숭고하고 가혹하며, 시간은 멈춰 있고 상상적 도피와 집단 환각이 가능한 장소, 이국적이고 아슬아슬한 긴장감을 안기는 곳으로 묘사되었다. 신대륙을 향한 상상과는 달리 동양의 상상에는 물질적 잇속만큼이나 또 다른 구세계를 향한 정신적 호기심도 짙게 깔렸다. 그런 만큼 동양을 향한 상상은 유럽인의 무의식을 잘 보여준다. 만약 르 부리의 진술이 지닌 상상의 성분을 분석해 유럽이 품어온 상상의 역사와 견준다면, 그의 진술은 유럽 내부 혹은 신대륙보다는 소위 동양에 대한 상상과 가장 잘 맞아떨어질 것이다. 동양은 방랑과 귀향을 위한 신비로운 땅, 그러나 안전한 거리가 확보된 장소였다.

유럽이 힘의 우위를 확보한 '제국의 시대'로 접어들고 나서도 이 상상력은 맥이 끊기지 않았다. 그리고 우리는 그 잔영으로 이 작품과 만난다. 제임스 힐튼의 『잃어버린 지평선』. 아마도 작가보다, 작품 자체보다 유명한 것은 이 책에 나오는 라마불교의 낙원 '샹그릴라'라는 이름일 것이다. '샹그릴라'는 쿠빌라이 칸이 세웠다는 아름답고 황홀한 미지의 왕국 '제너두'와 함께 동양을 향한 서양인들의 가슴속에 새겨진 이상 세계의 대표적인 이름이 되었다.

샹그릴라라는 텍스트

소설 『잃어버린 지평선』은 화자인 루더포드가 친구인 콘웨이의 체험을 소개하는 형식이다. 1930년대 초 인도의 바스쿨에서 영국의 식민 지배에 반대하는 봉기가 일어나자 현지의 영국 영사였던 콘웨이, 부영사 멜린슨, 미국인 사업가 버나드, 천주교 전도사 브링클로는 비행기로 탈출을 시도한다. 하지만 비행기는 안에 숨어 있던 티베트 청년에게 납치당해 히말라야 쿤룬산맥 서쪽 끝자락의 험준한 '푸른 달 계곡'에 불시착한다. 불시착으로 그 티베트 청년은 사망한다.

'푸른 달 계곡'은 설산이 병풍처럼 둘러싸고 푸른 초원이 펼쳐지고 아름다운 호수가 반짝이는 곳이었다. 콘웨이 일행은 장노인이라는 인물의 초대를 받아 깊은 계곡 속에 위치한 사원 샹그릴라에 머문다. 여기서 그들은 원래 천주교 수도사였던 페로와 멸망한 청나라의 공주 로셴을 만난다. 그런데 페로는 실제 나이가 300세에 가까웠으며, 18세 소녀로 보이는 로셴은 아흔을 넘긴 노파였다. 콘웨이는 샹그릴라가 갈등과 탐욕이 없는 조화의 땅일 뿐만 아니라 무병장수하는 곳임을 알게 된다.

파국의 시작을 알리는 말 '그러던 중', 일행의 한 명인 멜린슨은 로셴과 사랑에 빠진다. 또 그는 샹그릴라의 답답함을 견디지 못해 콘웨이에게 샹그릴라를 떠나자고 끈질기게 요구해 콘웨이는 일행과 함께 샹그릴라를 나온다. 예상되는 역접 '그러나', 샹그릴라에서 벗어나자 로셴은 본래의 90세 노파가 되어 숨지고 멜린슨도 병을 앓는다. 콘웨이는 샹그릴라가 진정한 이상향이었음을 깨닫고는 다시 돌아가고자 루더포드를 떠난다. 이후로 그의 소식을 아는 사람은 아무도 없다.

다소 전형적인 줄거리 요약이 되었지만, 『잃어버린 지평선』은 발표 당

이제 샹그릴라라는 이름은 관광지를 떠돌고 있다. 관광객이 있는 곳이라면 샹그릴라라는 카페, 레스토랑, 호텔을 만날 수 있다. 홍콩에 본사를 둔 샹그릴라 호텔Shangri-La Hotels and Resorts은 1971년 싱가포르에서 설립되어 전 세계 주요 도시에 55개의 호텔을 보유하고 있다.

시 커다란 반향을 일으켜 지상의 어딘가에 존재하는 이상향을 가리키는 보통명사가 되었다. 동양을 향한 이국적 호기심Exoticism을 담은 이 작품은 가히 '샹그릴라 신드롬'이라고 부를 만한 현상을 낳았다. 1933년 소설이 발표되자 먼저 동양의 정신세계를 탐구하는 젊은이들이 급증했다. 1937년 텍사스의 저명한 자선가 루처 스타크는 텍사스 주 오렌지 지역에 아예 샹그릴라를 지었으며, 같은 해 미국의 콜롬비아 영화사는 『잃어버린 지평선』을 영화로 제작했다. 1942년 미국의 루스벨트 대통령은 지금은 캠프데이비드라고 불리는 대통령의 휴양지를 샹그릴라라고 명명했다. 그해 4월, 진주만 공습 이후 미국의 항공모함 호넷 호에서 발진한 폭격기가 도쿄를 공격했는데, 당시의 항공 기술로 미 본토에서 멀리 떨어진 일본을 어떻게 공격했는지 대중들 사이에서 궁금증이 일자 루스벨트는 샹그릴라에서 폭격기가 날아왔다고 답했다. 이후 태평양에서 활동하는 항공모함 한 척에 샹그릴라USS Shangri-La라는 이름이 붙여졌다.

하지만 샹그릴라에 보다 근본적인 관심을 기울였던 인물은 루스벨트와 전쟁을 벌이던 아돌프 히틀러였을 것이다. 그는 샹그릴라를 순수 아리안 혈통의 근원지로 규정하고, 1938년 에른스트 섀퍼를 단장으로 세워 무려 일곱 차례나 조사단을 파견했다. 조사단에는 하인리히 하러와 페터 아우프슈나이터가 일원으로 참가했는데 그들은 네팔 주둔 영국군에게 포로로 잡혔다가 티베트로 탈출했다. 두 사람이 티베트에서의 생활과 체험을 쓴 논픽션은 훗날 영화로 만들어졌다. 바로 〈티벳에서의 7년〉이다.

잃어버린 낙원

하지만 과도하게 의미로 점철된 이름 샹그릴라를 잠시 괄호 속에 두고 분석한다면, 이 작품에서는 장소의 상상에 대한 몇 가지 흥미로운 요소를 끄집어낼 수 있다. 먼저 작가 제임스 힐튼은 티베트에 와본 적이 없다. 대신 그는 티베트와 윈난 성 일대를 여행한 사람들의 모험담을 바탕으로 이상향을 창조했다. 그런데 작품 속 등장인물의 면면을 보면 바로 그런 정보 제공자들과 일치한다. 소설에는 영사와 사업가, 선교사가 등장하며, 이야기는 영사인 콘웨이의 체험담을 옮기는 식으로 전개된다. 동양은 탐험가의 모험담, 선교사와 무역가, 행정가가 전해준 정보를 통해 유럽에서 그 이미지가 구축되었다. 그리고 그것은 본질적으로 동양의 실상에서 유리된 '텍스트적 세계'였다.

물론 제임스 힐튼의 텍스트에도 창작의 모티프가 없지는 않았다. 그는 티베트 불교에서 전승되는 신비의 도시 샹바라를 소설의 밑그림으로 삼았다. 하지만 제임스 힐튼의 티베트는 마치 다른 나라의 도시에 가서 본 박물관의 그림 한 점이 거리에서 만난 어떤 풍경보다도 생생히 각인되어 도시 전체가 그림 한 점으로 기억되듯이 추출과 환원으로 구성된 산물이었다. 그래서 혹자는 제임스 힐튼이 다녔던 케임브리지 대학이 바로 샹그릴라라고 혹평했다. 대학 도서관에 틀어박혀 상상으로 그려낸 이미지일 뿐이라는 것이었다.

그러나 빈약한 실증적 토대 위에 구축된 이미지는 당대의 유럽인들에

게 커다란 파장을 일으켰다. 그것은 무엇보다 소설이 세계 대공황과 제1차 세계대전 이후의 정신적 공황을 시대 배경으로 삼아 등장했기 때문이었다. 샹그릴라는 누강怒江이 만든 대협곡으로 둘러싸여 있고 그곳의 사람들은 고요하게 살아간다. 쉽게 다다를 수 없는 히말라야의 한 자락에 위치한 샹그릴라는 때 묻지 않은 삶의 원형질을 보존하고 있다. 제임스 힐튼은 당시의 혼돈스러운 유럽 상황을 샹그릴라에 음각화시켰으며, 그만큼 샹그릴라는 밝은 장소로서 창조되었다.

하지만 보다 주목하고 싶은 것은 작품 속에 담긴 '상실'의 감각이다. 제임스 힐튼은 샹그릴라를 이상향으로 묘사했지만, 작중 인물은 그곳을 떠나고 나서야 진정한 이상향임을 깨닫는다. 아마도 샹그릴라를 향해 다시 떠난 콘웨이는 샹그릴라를 찾아내지 못했을 것이다. 콘웨이를 첩첩산중의 샹그릴라로 인도했던 티베트 청년은 샹그릴라에 도착하자마자 숨을 거뒀다. 콘웨이와 샹그릴라를 이어줄 매개체는 사라졌다. 떠나고 나면 다시는 되돌아갈 수 없다. 이런 설정은 유토피아 소설, 모험 소설에서 낯이 익다. 그 소설들에서 주인공이 낙원을 잃어버리는 까닭은 진정한 낙원은 한번 잃어버린 다음의 낙원이기 때문이다.

잃어버린 낙원은 우리가 자신의 행복을 대자화하기 위해 필요한 거리를 부여한다. 『크리스마스 캐롤』에 나오는 스크루지 영감처럼 천진한 아이들을 보며 어른은 자신이 다시 한번 어린 시절로 돌아가기를 바라지만, 동시에 아이였을 때가 좋았음을 의식할 수 있는 어른이기를 바라는 이중의식을 품는다. 샹그릴라에서 그저 살아가는 사람들은 샹그릴라를 향한

갈망을 갖지 않는다(따라서 독자들은 그들에게 매료되지 않으며, 낙원을 잃어버린 주인공을 애를 태우며 동일시한다). 이상향을 갖는 존재는 이상향 속에 있는 존재가 아니라 저렇듯 어른의 분열의식을 경험하는 이상향 바깥의 존재다. 그리고 샹그릴라 혹은 샹그릴라로 대변되는 동양은 서양인에게 순수했던 유년기, 때 묻지 않은 삶의 원형질을 의미한다. 바로 여행자들을 동하게 만드는 다른 사회를 향한 주제넘은 바람, 바로 그것 말이다.

현실로 출현한 샹그릴라

그런데 잃어버린 낙원, 샹그릴라는 이제 실재하고 있다. 그것은 중국에 있다. 1997년 중국 정부는 샹그릴라를 발견했다고 대대적으로 공식 발표했다. 윈난 성의 중띠엔中甸이 바로 그곳이라는 것이었다. 2001년에는 중띠엔을 샹그릴라香格里拉(샹거리라)로 개명해 국제적 관광 도시로 개발했다. 도로를 포장하고 공항을 개설하고, 2003년에는 유네스코의 세계자연유산으로 등재시켰다. 중국 정부는 그저 한 장소를 골라 샹그릴라라고 낙점한 것이 아니었다. 1년간 역사, 지리, 민속, 언어, 종교 등 각 분야 전문가들 500여 명으로 구성된 조사단을 파견하여 윈난, 쓰촨, 티베트 등지를 답사한 끝에 샹그릴라가 여기라고 발표했다.

  현지 조사 과정에서 중띠엔이 샹그릴라여야 하는 근거가 마련되었다. 중띠엔은 소설에서 나오듯 설산으로 둘러싸여 있으며 드넓은 초원, 라마

사원 등을 두루 갖추었다. 또한 디칭 토속어로 샹그릴라는 '내 마음속의 해와 달'을 뜻하며, 샹그릴라를 다르게 풀면 티베트의 창 지역을 가리키는 샹(ཤ)과 말과 산을 의미하는 라(ར), 그리고 산을 통과하다라는 뜻의 라(ལ)가 합쳐진 조어인데, 바로 그 장소가 중띠엔이라는 것이다.

기묘한 역전이 발생했다. 티베트 부근의 어딘가를 막연히 상정하여 변변찮은 실증적 근거도 없이 창조해낸 샹그릴라는 소설 속 장소를, 소설에 묘사된 내용을 근거로 실증적 연구를 거쳐 '발견'해낸 것이다. 하지만 그 효과만큼은 실증할 수 있는 것이었다. 1995년 한 해 찾은 이가 7만 명에 불과하던 작은 마을은 2008년에는 관광객 수가 200만 명을 넘기는 관광지로 탈바꿈했다.

중국만 샹그릴라에 손을 댄 것은 아니었다. 샹그릴라 붐이 일자 인도나 네팔, 부탄 등 히말라야에 터를 잡고 있거나 히말라야를 끼고 있는 나라들은 경쟁하듯이 자국의 어느 한 지점을 샹그릴라라고 명명했다. 중국 정부는 개방화가 진행되고 나서야 샹그릴라 찾기에 나선 후발주자였지만 물량 공세를 통해 이제 사용권을 거머쥐었다.

그리고 중국의 맥락 안에서 샹그릴라 만들기는 소수민족 상품화의 한 과정이기도 했다. 중국의 중앙정부는 소수민족의 풍속과 언어를 유지하도록 권장하며 70여 곳을 생태향진生態鄕鎭 지역으로 지정해 소수민족의 문화적 다양성을 보호하는 것처럼 보이지만, 실상 곳곳에서 소수민족의 삶터와 문화를 관광 상품으로 가공해 무대 위로 올려놓고 있다. 소수민족은 자신들의 터전은 점차 유입하는 한족에게 가게로 내주고, 자신들의 문

화는 상품으로 내주고 있다. 관광지로 개발되면 한족이 들어오고 소수민족은 고유의 복장을 입은 채 한족화된다. 가까스로 전통을 유지하기는 하지만, 그것은 박제된 전통이며 삶의 터전에서 자신들의 삶을 꾸려나가는 능력은 점차 상실하고 만다.

도로가 뚫리고 철로가 놓이고 레스토랑이 등장하고 호텔이 세워지면, 그들은 돈이 안 되는 계단밭 농사를 접고 야크 몰이를 그만두고, 점원 또는 인력거꾼으로 일하거나 때로는 전통복장을 차려입고 폴라로이드 사진 속 풍경이 된다. 중국으로 투입된 세계 자본도 한족의 권력을 타고 들어와 경치 좋은 곳을 찾아 호텔을 짓고, 소수민족의 차는 호텔의 레스토랑에서 코카콜라와 함께 메뉴판에 놓인다. 샹그릴라는 그 깊은 내륙으로, 그 높은 고도로 돈을 끌어들이고 사람들도 불러 모은 성공작이었다.

샹그릴라라는 이름에 치이다

차마고도의 여정 위에서 내게도 샹그릴라가 다가오고 있었다. 이미 가보기도 전에 그 이름 하나로 샹그릴라는 내게 의미 과잉의 장소였다. 샹그릴라. 각각의 음절은 상큼하게 여행자의 상상력을 자극했다. 필시 보고 느낄 것들로 가득한 장소, 텍스트로 다가왔다. 하지만 막상 다녀오고 나서의 내 감상은 너무도 초라하다.

나는 콘웨이처럼 갑자기 하늘에서 떨어져 샹그릴라로 들어간 것이 아니었다. 티베트로 향하는 길에서 이미 여러 도시를 거쳐 간 터였다. 바로 전에 머무른 도시는 다음 장소에 다다랐을 때도 잔영을 남긴다. 샹그릴라 전에 방문했던 곳은 리장이었다. 그리고 리장은 장소에 대한 상상이라는 측면에서 또 다른 복잡한 사고거리를 안기는 곳이었다.

중국 정부가 중띠엔이 샹그릴라라고 발표하기 전년인 1996년, 리히터 규모 7이 넘는 강진이 리장 일대를 강타했다. 이 지진으로 3,600명이 넘는 사람이 사망하고 1만 6,000명이 부상을 당했다. 그런데 지진으로 신시가지는 크게 파괴되었지만, 전통적인 나시족의 건축물은 지진을 견뎌냈다. 폐허가 된 도시를 다시 세우면서 중국 정부는 전통적인 나시족 건축 방식으로 건물을 올렸다. 시멘트를 자갈과 나무로 대체하려고 수백만 위안을 투자했다. 그러고서 리장 현 전체를 유네스코에 세계문화유산으로 등재시켰다.

리장의 고성은 곳곳으로 뻗은 좁은 골목과 골목을 수놓은 매끈한 바닥돌, 옛날이야기가 펼쳐질 것 같은 기와지붕의 목조 건물로 밝고 차분한 인상이었다. 도시 전체 구석구석으로 인근의 위롱쉐산에서 흘러내려온 맑은 물이 스며들었다. 바닥이 보일 만큼 얕고 폭이 좁은 개천을 돌다리로 천천히 건너면 도시는 고풍스러움으로 나를 감싸 안았다.

하지만 밤이 찾아오면 리장은 돌변한다. 고성 안 2층 가옥은 기념품점과 레스토랑, 게스트하우스로 개조되어 개울에 흐르던 물소리를 사방에서 틀어대는 음악 소리가 대신하고, 고즈넉하던 도시는 환락의 분위기로 물든다. 마치 지나간 옛 도시가 저녁을 경계로 수세기를 건너뛰어 디즈니

리장의 낮과 밤. 미로처럼 뒤얽힌 길, 가느다란 실개천, 시간이 얼룩진 돌담, 늘어진 능수버들이 태양빛 아래서 만들어내던 낮 풍경은 밤이 되면 인공조명의 현란함과 함께 일변한다. 리장은 애니메이션 〈센과 치히로의 행방불명〉을 기획할 때 모티프가 되었다는데, 단지 건물이 고풍스러워서가 아니라 카멜레온 같은 이 이중성도 한 요인으로 작용했을 것이다. 하지만 그 낙차가 너무 커서 내게는 정붙일 데가 없는 곳이 되고 말았다.

랜드가 된 듯한 느낌이다. 리장의 낮과 밤은 여행자에게 이상적 장소의 이중적 면모를 모두 제공한다. 시간이 정지된 듯한 낮 풍경의 고즈넉함은 따뜻하고 조화롭고 부드럽고 차분하며, 어떤 과거의 향수를 불러일으킨다. 저녁 밤공기에 감도는 활기는 즐겁고 들뜨게 만들며 현실을 환상으로 바꿔놓는 유희 문화의 물신성을 과시한다.

리장 다음이 샹그릴라였다. 리장에서 약 200킬로미터 떨어져 있고, 고도는 해발 3,200미터로 훌쩍 높아졌다. 소설의 묘사처럼 산으로 둘러싸인 분지가 하늘을 가까이서 받아안는 느낌이었다. 하지만 그뿐이었다. 글을 쓸 것이라는 예감에 차마고도 위의 어떤 도시보다도 오래 머물렀지만, 남아 있는 것이라곤 그곳으로 향할 때의 두근거림보다 덜 자극적인 단 두 가지 이미지뿐이다.

한 가지는 고성에서 한 시간쯤 자전거로 내달린 곳에서 만났던 라파하이 초원의 풍경이다. 그곳의 모든 것은 두 가지 색으로 수렴된다. 초록과 푸른색. 들판과 하늘과 하늘을 닮은 호수가 있을 뿐 카메라를 들어도 초점을 맞출 피사체가 보이지 않았다. 저 멀리 야크를 모는 목동, 말을 탄 아낙이 있지만, 드넓은 풍경 속으로 그저 녹아들었다. 풍경은 그 넓이만큼의 사고력을 요구한다. 라파하이의 품은 내겐 너무 넓었고 그래서 생각은 도리어 그 장소에 머물지 못해 잡념으로 옮겨갔다. '이 평안과 한가로움이 소설에 묘사되고 내가 찾던 그것일까?'

고성으로 돌아오니 전통춤이 한창이었다. 묘하게 사람을 끄는 그 단순한 장단에 맞춰 장족 사람들이 그저 발을 들었다 놓았다, 앞으로 한 발 뒤

샹그릴라는 공사 중이다.

로 한 발 움직이며 춤을 춘다. 그 풍경 속으로 해가 저물었다. 이미 사진을 건지기에는 빛이 부족하다. 무거운 카메라를 내려놓고 내 딴에는 그들을 흉내 낸답시고 보릿대춤을 춘다. 춤에 흥건하게 젖었다. 이 또한 전통춤을 관광 상품으로 개발했다는 이야기를 듣고 왔지만, 사람의 온기로 이렇게 따뜻한데 그렇다면 어떠랴 싶었다.

이것이 샹그릴라에서 남은 두 장면이다. 아니 한 가지가 더 있다. 춤판이 끝나고 호텔로 돌아오는 길이었다. 공사로 파헤쳐진 도로는 밤길에 더욱 조심스럽다. 건물들도 보아하니 여러 채가 수리 중이다. 망치로 깨놓은 대리석 파편은 이리저리 흩어져 있다. 샹그릴라는 공사 중이다.

이렇게 거듭되는 공사 끝에 샹그릴라는 어떻게 변할까. 혹시 먼저 보고 왔던 리장이 샹그릴라의 다음 모습인 것일까. 『잃어버린 지평선』의 샹그릴라는 마치 영원 속에 살아가는, 시간이 정지된 장소처럼 묘사되었지만, 현실의 샹그릴라는 그 이미지에 도달하고자 나날이 바뀌고 있다. 시간이 지나 다시 온다면 이미 다른 풍경이 되어 있을 텐데 나는 여전히 이곳을 샹그릴라라며 찾게 될까.

낙원이 비추는 권태로움

며칠이 지나 떠나기도 머물기도 뭣한 느낌이었다. 그래서 짐을 쌌다. 샹그릴라를 내 마음에 각인시킬 풍경도 결정적 사건도 건지지 못한 채로 말이다. 무언가를 찾아 도시를 헤맸지만 무엇을 찾고 있는지는 스스로도 알지 못했다. 막연히 샹그릴라가 내어줄 것이라 여겼고, 그것은 끝내 찾아오지 않았다.

떠나고 나서부터였다. 샹그릴라에 대한 다른 여행자들의 감상을 찾아보기 시작했다. 다른 이들의 여행기를 보며 내 체험 속의 잔해라도 건져 올려 다시 음미해보고 싶었다. 결국 스쳐 지나간 곳이 되고 말았지만 샹그릴라를 갈구하던 내 마음의 풍경만이라도 정리하고 싶었다.

하지만 다른 여행기들도 대개 샹그릴라라는 말의 중압감에 시달리는 듯했다. 감상은 세 가지로 갈라졌다. 먼저 방랑자가 찾아 헤매다가 만난 낙원처럼 샹그릴라를 묘사하는 경우였다. 이때는 샹그릴라라는 장소를 구체적으로 묘사하기보다 자신의 감흥에 취한 표현이 많았다. 문득 어디론가 떠나고 싶고, 고달픈 심신을 달래고 싶고, 혹은 여행의 열병을 앓아서, 잠시 주위의 인연을 털어버리려고 나섰던 길에 문명의 이기를 벗어난 샹그릴라를 만나 콘웨이처럼 그 장소의 아름다움을 만끽했다는 이야기.

둘째, 샹그릴라에는 샹그릴라가 없다는 경우였다. 대개 중국 정부가 이곳을 관광지로 개발한 내력을 알고 있는 이들의 글이었다. 중국의 샹그릴라는 진정한 샹그릴라가 될 수 없다. 공사판에, 호객 행위에 자신이 원하던 순수성의 함량에는 미치지 못했다는 이야기.

셋째, 자기 마음속의 샹그릴라를 찾겠다는 경우였다. 여기서도 감상적인 문구가 눈에 많이 띄었다. 인간은 어쩌면 늘 이상향을 찾아 헤매나 결국 도달할 수 없다. 하기에 샹그릴라를 저 멀리 있는 어떤 곳으로 여길 것

분지에 자리잡은 샹그릴라. 중국 진대 사람인 도잠의 『도화원기桃花源記』에는 무릉도원이 나온다. 한 어부는 복숭아 꽃잎이 떠내려 오는 것을 보고 물을 따라 올라갔다가 무릉도원에 이르게 된다. 샹그릴라는 곧잘 현대판 무릉도원에 빗대어지곤 한다. 하지만 그렇지 않다. 샹그릴라는 이국의 장소이자 여행의 장소이자 상실의 장소이며, 문화 간 상상의 장소이자 유럽의 무의식이 보존된 장소다.

이 아니라 위로를 안기는 자신만의 장소, 혹은 일상의 고단함을 달래주는 그 모든 곳을 샹그릴라로 삼자는 이야기.

르 부리의 문구가 내 안에서 빛을 잃었듯이, 정감이 짙게 깔린 여행기를 읽고 있어도 금세 시들해지고 차라리 허탈감이 찾아왔다. 글들에서 샹그릴라는 그저 부유하는 텍스트였다. 사실 내 감상도 저 몇 가지 패턴들 사이를 배회하고 있었다. 그 글들을 보며 내 안의 허탈감이 확인되었다.

'샹그릴라'를 다시 검색어로 놓고 찾아보았더니 이런 문구가 떴다. "지구상의 마지막 샹그릴라 부탄이라는 나라를 아시나요? 개별 여행도 금지되어 있고, 한 해 7,500명 이상은 들어갈 수 없는 자연의 나라 부탄. 전 세계에서 한국인이 갈 수 있는 나라 중에 유일하게……."

그 문구를 보고 알아차렸다. 샹그릴라가 사라지는 일은 없을 것이다. 샹그릴라를 생산하는 것은 누군가의 갑갑함과 외로움이기 때문이다. 갑갑하고 외로울 때 전에는 낙후하다며 눈을 내리 깔던 대상을 이번에는 순수하다며 동경한다. 갑갑함과 외로움은 사라지지 않을 테니 샹그릴라는 사라지지 않을 것이다. 그리고 샹그릴라가 사라지지 않는다면, 샹그릴라에 대한 실망도 사라지지 않을 것이다. 샹그릴라를 찾는 이는 분열된 의식을 지닌 어른이기 때문이다. 순수함을 구하지만, 그 순수함을 만나면 그곳은 얼마나 순수한지 또 재고 있을 것이다.

상상된 동양은, 미지의 세계이며 여성적이고 육감적이고 자극적인 동양은, 서양의 무의식을 풀기 위한 암호를 간직해왔다. 상상된 동양은 유럽 세계의 갑갑함과 외로움을 달래는 장소였다. 유럽인의 백일몽이며 유럽인이 지닌 권태감의 징후였다. 그리고 샹그릴라는 나에게 그런 징후였다. 나는 이제 르 부리의 진술을 믿지 않는다. 하지만 르 부리의 진술은 이제 유럽인만의 것이 아니다. 그들만큼 우리도 권태롭고 그들만큼 우리에게도 샹그릴라가, 소비할 수 있는 동양이 필요하다.

징훙과 루앙남타,
차와 비단 그리고 숙성의 시간

가지 못한 티베트

티베트로 가는 길은, 비싸다.

험한 길이야 어떻게든 몸으로 때워보겠지만, 비싼 길을 택하면 다른 여정을 놓아야 한다. 줄곧 티베트를 떠올리며 차마고도 위의 샹그릴라까지 왔다. 차마고도를 타고 티베트를 거쳐 히말라야를 넘을 작정이었다. 티베트 가는 길이 만만치 않다고는 진작부터 알고 있었다. 하지만 막상 중국에 들어오면 수가 생기리라 낙관했다. 그리고 티베트로 향하며 겪을 난관들은 그것대로 중국의 규모 내지 복잡한 내부 사정을 접하는 기회가 되겠거니 은근히 기대마저 하고 있었다. 물론 그 난관의 의미는 티베트의 수도인 라싸에 도착해 여장을 풀고 난 뒤 한잔 들이켜며 음미할 심산이었다. 그러나 결국 라싸로 가지 못한 채 방향을 틀고 말았다.

티베트에 들어가려면 각종 허가서가 필요하다. 경계를 넘기 위한 입경 허가서만이 아니라 외국인 미개방 지역 허가서, 군사 지역 여행 허가서, 변방 허가서 등이 있는데, 티베트를 거쳐 육로를 통해 네팔로 들어갈 계획이었던 내게는 모두 필요했다. 허가서 발급 비용 자체는 그다지 비싸지 않다. 하지만 여행사를 통해 발급받으면 적잖게 수수료가 붙고, 또한 단체여행만 가능하고 가이드와 동행해야 하며, 3성급 이상의 정해진 호텔에 묵어야 했다. 아울러 어디를 다닐 것인지 티베트 안에서의 동선은 미리 티베트 관광청에 보고해야 하며, 달라이 라마의 사진을 소지하거나 티베트인과 정치적인 주제로 대화를 나눠서는 안 된다는 제약도 따랐다.

2008년 티베트 사태 이후 통제는 한층 강화되었다. 전에는 입경 허가서 없이 티베트로 진입하려다가 발각되면 되돌아가거나 벌금형에 그쳤으나 지금은 티베트 자치구 바깥으로 추방된다. 더구나 통제의 세부적 내용은 수시로 바뀌어 티베트로 향하는 길은 몹시 불투명했다. 샹그릴라에 도착해 육로로 가는 길을 알아보았더니 여행사는 6,500위안을 요구했다. 100만 원이 넘는 거액이었다. 이미 다리에서 지갑을 분실해 신용카드와 국제 현금카드가 없는 상태라서 되는 대로 수중의 현금으로 버텨야 할 판이었다. 6,500위안은 선택 사항이 아니었다. 쓰촨을 거쳐 비행기로 들어가는 방법은 조금 싸게 먹히지만, 그러려면 육로를 포기해야 하는 데다가 여권을 미리 여행사로 발송해야 하는 위험 부담이 따랐다.

편법도 고려해봤다. 먼저 라싸에 계신 선교사분의 연락처를 알아냈는데, 그분이 다니시는 루트를 통해 공안의 눈을 피해 티베트로 들어가 몰래 숙소에 묵을까도 생각해봤다. 다른 한 가지 방법은 중국 공민증을 만들어두고 비행기나 기차가 아닌 일반버스에 몸을 싣는 것이었다. 하지만 둘 다 들통 나면 뒷감당이 쉽지 않은 데다, 당국의 조치가 못마땅할지언정 오기를 부려 편법까지 쓰는 일은 분명히 잘못이었다. 더구나 위험을 무릅쓰고서라도 진입하려고 머리를 짜내다보니 티베트를 향한 동경은 묘하게 부풀어갔는데, 그런 종류의 치기 어린 동경은 사물을 멋대로 보게 만든다는 사실을 알고 있었다. 결국 샹그릴라까지 왔지만 이번 티베트행은 포기하기로 결정했다.

한 달 뒤 행로를 바꿔 태국을 돌아다니던 무렵이었다. 10월 1일 중국의 국경절을 앞두고 9월 21일부터 외국인의 티베트 출입은 전면 중단되었다는 소식을 들었다.

남쪽의 변방, 징훙으로

티베트행을 접자 동선은 크게 꼬였다. 행선지를 바꿔야 했다. 기왕 차마고도에 왔으니 서쪽으로 못 갈 바에야 남으로 향하기로 했다. 말[馬]을 기르던 곳, 티베트가 아니라 차茶를 재배한 곳, 징훙으로 향했다. 징훙은 시솽반나 다이족 자치주의 주도다. 옛 이름은 멍파라나시勐巴拉娜西. 이상향을 뜻하는 다이족의 말이다. 멍파라나시 말고도 남쪽으로 오는 동안 멍룬勐侖, 멍한젠勐罕鎭, 멍하이勐海 등의 지명과 마주쳤다. '멍'은 사납다는 의미이니 오랑캐 내지 변방을 뜻하리라 짐작했고, 이 지명들에서 전에 『삼국지연의』를 읽으며 품었던 의문이 떠올랐다.

삼국시대에 윈난 지역은 남중이라 불렸다. 오늘날 청두에 유비가 촉한을 세울 무렵, 중원이 통제력을 잃자 남중에서 세를 모은 인물이 맹획孟獲이었다. 맹획은 제갈공명의 이름과 함께 기억된다. 제갈공명은 "남중을 평정한 뒤에야 파촉巴蜀을 견고히 할 수 있고, 파촉을 견고하게 해야 관중關中을 도모할 수 있다"며 225년에 대규모 정벌을 감행했다. 그 정벌길에 맹획이 있어 제갈공명은 맹획을 일곱 번 잡았다가 풀어주기를 거듭하며 남중의 네 개 군을 평정한다. 이른바 칠종칠금七縱七擒은 나관중이 『삼국지연의』에서도 공을 들인 장면이다. 일곱 번이나 맹획을 잡아들이는 제갈공명의 빼어난 지략도 압권이었지만, 내게는 여섯 번이나 잡히고서도 번번이 대드는 남만南蠻의 왕이 보여준 기백이 더 인상에 남았다.

그때 품었던 의문이 있다. 사실 맹획은 정사에는 등장하지 않는 인물이다. 그리고 실존했다 하더라도 맹획의 이름을 풀이하면 '맹을 포획했다'는 뜻인데, 만약 그렇다면 맹은 남중의 종족을 지시하며, 맹획은 원래 남만왕의 이름이 아니라 제갈공명 측에서 붙인 이름이지 않을까. 근거 없는 낭설인지도 모르지만, '멍'으로 시작하는 오늘의 지명들을 접하며 『삼국지연의』를 읽었던 때 품었던 궁금증이 떠올라 중국의 남쪽 변방으로 내려왔음을 느꼈다.

확실히 징훙은 남국의 풍정이 느껴지는 도시다. '중국 속 동남아시아'라고 불리며 중국인들도 남국의 기후를 찾아서 온다고 한다. 야자수가 드리우고 다양한 열대과일이 빛깔을 뽐낸다. 서늘한 샹그릴라에서 내려온 내게 습한 기운은 싫지 않았다. 활기가 돌았다.

징훙은 작은 도시다. 이틀이면 얼추 도시를 훑을 수 있다. 특별한 관광지가 없는 까닭에 다이족의 멍파라나시 공연이 관광지보다 유명하다. 원색의 아름다움이 고스란히 춤으로 드러난다. 꽃과 동물로 분장한 배우들이 등장해 춤을 추며 열대의 빛깔로 화려함을 자랑한다. 하지만 나중에 돈이 되는 이 공연에는 한족 배우들이 출연한다는 말을 들었다. 한편으로 속았다, 쓸쓸하다는 생각도 들었지만, 그 사정 속에 있을 사람살이의 구체적 내막은 모르니 공연에 대한 감정은 정리해두지 않기로 했다.

멍파라나시 공연에 한족이 출연한다는 말은 어느 술자리에서 들었다. 징훙은 작다. 작은 도시에 정착한 한국인들은 대개들 알고 지낸다. 모두 일곱 분이 징훙에 정착했다던데 그날 술자리에서 반을 만난 셈이었다. 합석했을 때는 벌써 거나하게 술기운이 퍼진 상태라서 준비되지 않은 채로 복잡한 심경이 오가는 자리에 끼어든 꼴이었다.

여행자가 불쑥 끼어든 탓일까. 술자리에서는 징훙이 바뀌어가는 모습을 안타까워하는 이야기들이 오갔다. 그리고 몇 번이나 들었던 말 "입 하나 덜려고." 징훙은 작은 도시지만 인근 지역의 여러 소수민족이 돈을 벌려고 모여드는 곳이었다. 중국에서 소수민족은 산아제한을 받지 않는데, 집에 형제자매가 많으면 가난한 살림에 입 하나 덜려고 마을을 떠나 징훙으로 몰려든다고 한다. 그런 도시의 거리는 풍경이 곧잘 바뀌고 인생사는 복잡하다.

술자리 화제가 소수민족이 순수한지로 번져나가더니 언성이 높아졌다. 한 분은 점차 성행하는 성산업, 오르는 물가, 교묘해지는 장삿속을 거론하며 징훙은 타락했으며 소수민족도 더 이상 순수하지 않다고 언성을 높이셨고, 이에 형님뻘 되는 분이 네가 아직도 징훙을 몰라서 하는 말이라며 그러면 한국은 대체 뭐냐고 반문하셨다. 나도 전부터 해오던 생각이 있어 말을 보태고 싶었지만 여행자가 끼어들 자리가 아니었다. 입장이 어찌되었든 거기서 생활을 꾸리지 않고서야 그 문제로 저렇듯 목소리를 높일 일은 없을 것이기 때문이었다.

푸얼차 이야기

분위기가 누그러들고 주제는 차로 넘어갔다. 그 자리에 수년간 차를 거래해온 분이 계셨다. 다소 씁쓸한 이야기를 들었다. 한국에서 푸얼차 붐이 일던 무렵 징훙으로 몇 차례나 찾아와 푸얼차에 대해 배움을 청했던 사람이 있었다고 한다. 처음에는 거리를 두다가 그 정성에 공들여 거래를 튼 소수민족의 차밭을 소개시켜주었더니 나중에 큰돈을 가져와 그 거래를 빼앗아 갔다는 것이었다. 그 이야기를 꺼내시는 동안 몇 차례나 술잔을 비우셨다.

그렇다. 티베트에 가지 못해 여기로 행선지를 돌린 이유가 푸얼차였다. 아직 남아 있는 제갈공명의 이야기가 있다. 제갈공명이 출사표를 올리고 명하이 지역에 정벌 왔을 때의 일이다. 『한화운남차사』閑話雲南茶事에는 이런 기록이 전해진다. "공명차산孔明茶山, 전설에 삼국시대 제갈공명이 남정길에 오늘의 명하이 남나산을 지날 때 병사들이 수토불복水土不服하여 눈병이 생기자 공명이 가지고 다니던 지팡이를 남나산에 꽂으니 이 지팡이가 차나무로 바뀌어 길고 넓은 찻잎이 자라나오매 이를 따서 달여 장병들이 씻고 마시니 쾌유되었다." 이후로 남나산은 공명산이라 불리고 산에는 제풍대祭風臺가 마련되어 제갈공명의 탄신일에 그를 차조茶祖로 여겨 제사를 드린다고 한다.

그런데 그때 제갈공명이 썼던 차가 푸얼차라는 설이 있다. 징훙을 비롯한 시솽반나 지역은 북회귀선 이남으로 아열대성 기후인데다가 산이 높

푸얼차. 『본초강목십유』本草綱目拾遺에 "푸얼차의 향은 독특하며 숙취를 깨게 하며 소화를 돕고 가래를 녹인다. 우리 몸에 해로운 기름기를 제거하고 장을 이롭게 씻어내며 진액을 생성한다"고 기록되어 있다. 약효가 뛰어난 데다가 여느 차와 달리 시간이 지나도 상하지 않고 숙성된다. 그래서 '살아 있는 골동품', '마실 수 있는 유물', '검은 금덩이' 黑金子라고 불린다. 차마고도 위의 노래다. "밭과 가축 남겨주면 얼마 못 가 없어지고 / 많은 재물 남겨줘도 도적놈 가져가면 그만 / 탈 없이 자라는 차 남겨주노니 / 나보듯 섬겨 자자손손 전해주면 / 어느 도적도 빼앗지 못하리라."

고 강수량도 풍부해 차를 재배하기에 최적이다. 여기서 푸얼차가 자란다. 푸얼차는 이곳의 대엽종大葉種 차나무의 순을 채취하여 만든 것을 최고로 친다. 그 푸얼차가 차마고도를 따라 5,000킬로미터를 가로질러 티베트로 전해지는 것이다.

푸얼차의 유래는 차마고도에서 이미 들은 터다. 한 마방이 차를 싣고 라싸로 가던 도중 비가 내려 차가 물에 젖었다. 여러 날 지나 라싸에 도착해보니 차는 벌써 상해버렸다. 하지만 마방은 그냥 버리기가 아까워 한 모금 마셨는데 향이 좋아 이후로는 부러 썩게 내버려두었다. 그렇게 푸얼차가 탄생했다고 한다. 그 유래가 사실이건 지어낸 이야기건 간에 유목 생활을 하는 변방 민족은 중원의 한족처럼 고급 녹차를 마시기가 어려웠고, 잦은 이동 중에도 오래 보관할 수 있는 차가 필요했다. 그래서 차를 찌고 압력을 가해 덩어리로 만들어 가지고 다녔다. 그러면 차는 자연스레 발효된다. 푸얼차는 오래 묵을수록 향이 그윽해지고 맛은 깊어진다. 할아버지 대에 만들어 손자가 먹는다는 차로 '세월을 마시는 차'라는 애칭을 갖고 있다.

먹고 마신 것은 꼬치에 맥주였지만, 술자리는 푸얼차에 대한 일장 강연으로 접어들었다. 푸얼차에는 생차生茶와 숙차熟茶가 있다. 먼저 찻잎을 따오면 시들게 하는 과정을 거친다(萎凋). 그러고는 수증기를 쐬어 순을 부드럽게 하고 솥에 쪄서 더 이상 발효가 일어나지 않도록 푸른 잎을 죽인다(殺靑). 다음은 차가 잘 우러나도록 비빈다(揉捻). 그 후 다시 한번 수증기로 찐 다음 차를 자루에 넣어 자연적으로 묵혀 건창乾倉 발효를 거치면 생차가 나오고, 곰팡이로 숙성시키는 습창濕倉 발효를 통하면 숙차로 변한다. 짧은 시간에 숙차를 만들려면 젖은 찻잎을 쌓아두고 발효시킨다(渥堆).

차에는 향이 있고, 향은 여러 요소가 결정한다. 어린잎을 썼는지 센 잎을 썼는지, 습창과 건창 어느 쪽으로 저장했는지, 생차와 숙차 어느 쪽으로 만들었는지, 얼마나 오랫동안 보존했는지에 따라 향이 달라진다. 차의 향을 감별할 때도 한 가지가 아니라고 한다. 차향茶香만이 아니라 차운茶韻, 차자茶滋, 차기茶氣 등의 풍미가 있다. 이쯤 되면 향은 그저 냄새가 아니다. 코로 맡는다고 알 수 있는 게 아니다. 아울러 좋은 푸얼차는 단맛이 나고 마시고 나면 침이 고인다. 하지만 좋은 차를 결정하는 정해진 기준이 있는 것이 아니어서 경험과 감각을 숙성시키고 벼려야 차의 풍부함과 미묘함을 더 잘 느낄 수 있다. 이렇게 주워듣는 동안 차의 세계를 소개하는 얼굴을 보았다. 그 세계로 단박에 들어갈 수는 없지만, 거친 대로 내 표현으로 옮겨보자면 차를 만드는 것은 시간을 입히는 일이고, 차를 맛보는 것은 숙성된 시간을 읽어내는 일이었다.

라오스로 길을 꺾다

다음 날 차 가게에서 푸얼차로 속을 다스리며 어디로 가야 하나를 생각했다. 이제 정말로 차마고도를 떠날 때가 되었다. 중국도 떠날 때가 되었다.

윈난은 북쪽으로는 쓰촨 성과 시창 자치구, 동쪽으로는 구이저우 성과

광시좡족 자치구와 닿아 있으며, 남쪽으로는 베트남과 라오스, 서쪽으로는 미얀마와 접해 있다. 어디로 갈까. 중국어 밑천이 너무 딸려 좀더 수월하게 언어를 구사할 수 있는 곳으로 가고 싶었다. 징훙을 가로지르는 강이 있다. 란창강. 란창강은 차마고도의 옛 길에서 흘러내려와 징훙을 감돌고 라오스로 넘어간다. 그러면 강 이름도 메콩으로 바뀐다. 라오스로 향하기로 했다.

징훙에서 만난 여행자들도 라오스를 권했다. 대개들 그나마 때가 덜 묻은 아름다운 곳으로 묘사했다. 사실 중국의 변방인 징훙에서 만난 여행자라면, 더구나 라오스를 다녀온 여행자라면 이미 근처 나라들은 돌아다녔기 마련이다. 그런 여행자들이 라오스는 그저 있는 그대로 자연스럽게 지낼 수 있는 곳이라고 묘사할 때, 거기에는 인근의 베트남이나 태국과의 비교가 종종 깔려 있었다. 라오스는 이국적이지만, 어딘지 모르게 과거 자기 사회의 기시감을 안기며 편안하다는 평도 섞여 있었다.

그런 감상들에 이끌렸다. 그러나 마치 현대사회 때로는 문명사회 바깥인 양 나들이하듯 어떤 장소에 나설 때 여행자들이 범하기 십상인 섣부른 감상에 대해서도 알고 있었다. 그 말을 쓰기가 꺼려지면서도 나 역시 '오지'라는 말에 끌리곤 한다. 자기 감흥에 충실할 수 있으며, 거칠 것 없이 대상에 의미를 부여해볼 수 있을 것 같은 장소. 거기서는 자신의 시선을 멋대로 날리고 노획물들을 총천연색 사진으로 담아온다. 여행자가 성자가 되어 돌아오는 길에 거쳐 가는 산봉우리, 깊은 숲, 조그만 마을, 사람의 표정, 과거의 사원들은 현지의 맥락으로부터 거세되어 때로 추어올려지고 미화된다.

라오스를 향하며 그런 편향을 주의하고 싶었다. 티베트에 가서 읽으려고 가져왔던 자료들은 이제 소용이 없어졌다. 라오스에 대해서는 사전 지식이 없고 가이드북조차 지니지 않은 상태이니 해석의 뼈대를 잃은 경험들은 파편화될 것이다. 차라리 그렇다면 그 파편들을 매끄럽게 다듬기보다 파편을 통과하는 과정 속에서 새로 해석의 뼈대를 만들어내고 싶었다. 그러려면 경험과 감상의 직접성에 의존하지 말고 그것을 숙성시켜내야 한다.

'직접적인 것'에 대해 직접적으로 말하는 것은, 특히 여행길에서는 거짓 정열로써 등장인물을 싸구려 장식으로 삼고 자신의 꼭두각시로 내세우는 일이다. 장소에 대한 직접적인 진실을 얻으려 할 것이 아니라 여행의 경험을 매개 삼아 나의 내밀한 감상을 규정짓는 힘을 면밀히 살펴보아야 한다. 장소의 아름다움이 내 마음을 사로잡도록 내버려두지 말고 날것의 감상이 아니라 자기 경험을 대상으로 삼아 몇 번이고 그 속을 드나들어야 한다. 그런 여행자들에게서는 다녀온 장소의 향이 난다. 자기 고뇌로 체험을 숙성시키는 동안 우러난 향이다. 여행의 사고는 좋은 차와 같은 것인지도 모른다.

공산당과 마약

버스로 국경을 넘었다. 시원하게 뚫린 도로를 타고 버스는 질주한다. 국경 간 포장도로는 화물과 관광객을 나르기 위한 것이다. 그런 도로에는 표정이 없다. 사람이 지나간 흔적이 없으며 주변의 밭으로 통하는 부드러운 흙길도 계곡으로 내려가는 샛길도 없다. 넓고 시원하게 뚫려 있을수록 번드르르한 도로는 주변 숲에 더 가혹한 폭력을 가한다. 도로는 너무나 매끈해서 오히려 모난 듯 차갑게 느껴졌다. 버스 안팎의 낙차가 너무 커서 그 느낌은 더욱 두드러졌다. 현란한 뮤직비디오가 질주하는 버스 안을 가득 채웠다. 하지만 창 바깥의 풍경은 사뭇 달랐다. 길가로 집들이 늘어서 있었다. 집 뒤로 강이 흐르니 도로는 아이들의 놀이터이며 어른들의 마당인 셈이었다.

집들의 문은 도로 쪽을 향해 있었고, 2층 관광버스는 앉은 자리가 높았다. 버스로 지나는 동안 집 안에서 살림하는 모습들이 파노라마처럼 지나갔다. 에어컨 딸린 버스 안에서 습기나 소음, 냄새, 접촉으로부터 보호된 채 차창으로 마련된 조감의 시선을 향유할 수 있었다. 창 바깥의 삶은 스크린에 비친 광경과도 같았다. 이따금 창밖의 사람과 눈이 마주쳤지만, 그것은 순식간이고 버스는 매연과 먼지를 남긴 채 그들에게서 멀어져갔다.

바깥 풍경을 눈으로 훔치고 있었지만 생각은 딴 곳으로 향했다. 버스에서 내리면 무엇을 조사할까 궁리하고 있었다. 한 가지는 베트남, 캄보디아와 부대낀 역사 그리고 공산당의 통치가 어떤 상흔으로 남았는지였다. 인

길가에는 기둥을 대어 2층으로 올린 집이 많았다. 사람들은 위층에서 거주하는데 습기와 짐승, 해충으로부터 피할 수 있고, 아래층에 집기를 보관해둘 수 있기 때문이란다. 집들 사이로 안테나가 설치되어 있었다. 나중에 호텔에서 텔레비전 채널을 돌려보았다. CNN, BBC, NHK, ESPN, CCTV, 아리랑TV에서 할리우드 영화, 프리미어리그 경기, 일본 애니메이션, 한국 드라마 등이 방영되었다. 한국의 케이블TV에서 본 것들이 지만, 이곳의 집들로 안테나가 저 방송들을 모두 끌어온다는 사실이 다소 아찔하게 느껴졌다.

도차이나 3국은 '인도차이나 공산당'이라는 이름으로 해방 전쟁에서 제국주의 국가와 함께 맞서 싸웠지만 1960~1970년대에는 각국의 공산당이 갈라져 서로 간에 참극이 벌어졌다. 그 기간에 베트남전쟁과 소위 킬링필드의 대학살이 있었다.

그러나 베트남과 캄보디아의 상황은 국제적으로 이목을 끌었지만, 전쟁의 쓰라림이 결코 덜하지 않았던 라오스는 적어도 내게는 알려진 바가 너무 적었다. 알아보고 싶었다. 당시 베트남 공산당은 중국과 거리를 유지하고 있었고 캄보디아 공산주의자들은 모스크바보다 베이징에 편향되어 중국과 구소련 사이의 알력이 소위 인도차이나 3국 간의 갈등에 그림자를 드리웠으니, 그 조사는 구소련과 중국 그리고 미국을 아우르는 덩치 큰 냉전사 연구가 될지도 모를 일이었다. 그러나 능력에 부치니 거기까지 다루지는 못하더라도 라오스인민민주공화국Lao People's Democratic Republic의 사람들이 1960~1970년대의 격동을 어떻게 기억하고 있는지는 알고 싶었다.

다른 한 가지는 마약이었다. 그렇다면 이번에 라오스는 미얀마, 태국과 함께 묶인다. 산악과 구릉지대가 국토의 절반이 넘는 식민지 라오스에서 프랑스는 양귀비 재배에 나섰다. 산악지대에서도 재배할 수 있고 양귀비에서 추출한 생아편은 부피가 크지 않지만 가격은 높아서 프랑스는 아편 사업을 전매화해 통치 자금을 마련할 수 있었다.

라오스는 프랑스로부터 독립할 수 있었지만 마약에서 벗어나지는 못했다. 1949년 중국혁명이 승리하자 미국은 공산화의 물결로부터 동남아시아를 보호한다는 명분으로 국민당군 잔당들과 라오스의 몽족을 동원해 중국 남부에 반공 전선을 형성했다. CIA는 이들에게 아편 밀매 루트를 제공하여 군사 자금을 마련하고 반공 전선에 동참한 이른바 장군들의 배를 불려주었다. 미국의 민간 항공사인 에어아메리카는 이때 라오스에 군수물자와 인력을 수송했으며, 아울러 험준한 라오스의 산악 지대에서 헬리콥터를 이용해 아편을 수거하는 역할을 맡았다. 당시 에어아메리카의 실소유주는 CIA였다. 그렇게 라오스는 후일 미얀마, 태국과 함께 아편 삼각주인 골든트라이앵글의 한 축으로 성장했다. 라오스에 가면 질 좋고 저렴한 마약을 구할 수 있다는 이야기는 전부터 들은 터였다. 레스토랑에 가서 '해피 피자'를 주문하면 해시시가 함유된 피자가 나온다.

비단과 마을

하지만 비단이었다. 정작 만난 것은 냉전의 어제나 마약의 오늘이 아닌 비단이었다. 루앙남타로 가는 버스 안에서 제인의 옆자리에 앉은 탓이다. 그녀는 미국에서 교사 생활을 하다가 정년을 맞이한 후 집에서 옷감 만드는 일을 하고 있었다. 그녀와의 대화는 즐거웠다. 프랑스, 멕시코 등지에서 보낸 타지 생활 이야기도 흥미로웠고, 여행자들 사이에서 좀처럼 꺼리기 마련인 정치적 주제도 편히 주고받을 수 있었다. 우리는 오바마의 정책과 티베트 문제에 대해 이야기하고, 선크림은 어떻게 발라야 라오스의 뜨거

운 태양에서 피부를 보호할 수 있는지 대중없는 이야기를 나눴다.

사실 루앙남타에 오래 머물 계획은 아니었다. 만약 냉전사와 라오스 공산당에 대해 알아보려면 수도인 비엔티안으로 향해야 했고, 마약 거래라면 되는 대로 관광객들이 모여드는 루앙프라방에서 단서를 찾을 필요가 있었다. 루앙남타는 마을도 크지 않은 데다가 래프팅 등의 유락거리는 중국에서 허리를 다친 내게 관심 밖이었다. 제인에게 루앙남타는 하루만 묵고 떠날 계획이라고 말했다. 그러자 솔깃한 제안을 해왔다. 자신은 이틀 뒤에 천 짜는 마을을 찾아다닐 계획인데 동행하지 않겠느냐는 것이었다. 그녀는 그런 제안에 내가 혹하는 타입이라는 것을 이미 알고 있었다. 그런 길을 따라나서면 여행자들의 동선에서 벗어날 수 있다. 그래서 루앙남타에 도착하자마자 사두었던 루앙프라방행 버스 티켓을 물렀다.

천 짜는 마을을 찾아다니는 날은 햇살이 너무 뜨거웠다. 자전거를 빌려 이 마을 저 마을을 다니는데 자전거 안장이 너무 달궈져서 앉을 때마다 애를 먹었다. 제인은 사진 속의 인물들을 찾아다녔다. 그녀는 이미 작년에 이 마을들을 방문한 적이 있다. 그때 천 짜는 여러 여성들의 모습을 찍어두었는데, 그 사진들을 현상해서 한 해가 지난 뒤 다시 돌아와 일일이 전달하는 것이었다. 그 정성에도 감동한 바가 있지만 그녀의 기억력도 놀라웠다. 가까이 근접 촬영한 사진 속에는 천 짜는 아낙과 집의 일부만이 담겨 있을 뿐이었는데, 제인은 수 킬로미터 떨어진 마을들을 돌아다니며 사진 속 주인공들을 기어이 찾아냈다. 열 장이 넘었던 사진들은 모두 주인을 찾아갔다. 아마도 그녀의 머릿속에는 그 한 사람 한 사람과의 만남이 어떤

사연의 지도를 따라 루앙남타로 찾아간 제인.

구체적인 사연의 지도를 이루고 있었을 것이다. 그 지도를 따라 그녀는 동선을 그려냈고, 나는 그 뒤를 쫓아 마을들을 돌아다닐 수 있었다.

단 한 사람, 그녀가 찾지 못한 인물이 있었다. 그녀가 들른 모든 마을의 사람들이 그를 알고 있었지만, 정작 행방은 묘연한 인물이었다. 뭔가 중요한 사람이라는 건 눈치 챘지만 자세히 묻지는 않았다. 하지만 그날 저녁 제인이 묵는 숙소로 그가 찾아왔다. 비엥사왓 씨였다. 저녁을 함께하기로 했다. 레스토랑과 시장 어느 쪽이 좋냐고 그가 묻기에 당연히도 밤 시장을 골랐다. 밥 따로 반찬 따로 골라 길바닥에 앉아 손으로 집어먹었다. 제인은 또 위생 문제를 거론했다. 둘이 대화하던 중에 벌써 몇 번 나온 주제였다. 그때는 그런 대로 받아넘겼지만, 비엥사왓 씨 앞에서는 상황이 달랐다. 더구나 제인이 라오스의 폐쇄적인 정치 체제와 미발전 상황을 문제 삼으며 번번이 내게 동의를 구할 때는 어떻게 응해야 할지 다소 난감했다.

시선의 위계라고 불러도 될까. 그런 주제가 나올 때 어떻게 시선을 주고받아야 할지, 나를 어디에 위치시켜야 할지 가늠하기가 어려웠다. 이틀 전 일이 떠올랐다. 버스표 물리는 일을 미안해하자 여행사 직원이 그럴 것 있느냐며 놀러 가자기에 술을 마시러 갔다. 외국 여행자가 들르는 곳 말고 동네 젊은이들이 자주 가는 술집으로 가자고 부탁했다. 들뜬 분위기에서 즐겁게 마시는데 옆 테이블의 남자가 몇 차례나 내게 건배를 권했다. 쓰는 말을 보니 아무래도 중국에서 놀러온 청년인 듯했다. 자꾸 우리 테이블에서 내게만 술을 권하는데 함께 온 친구들은 좋은 내색이 아니었다. 제인과 그 중국 청년은 의식하지 않았겠지만, 자기 말에 동의를 구하는 눈빛과 건

비엥사왓 씨. 라오스의 삶의 양식이 보존되길 바란다는 그의 소망은 결코 진부하게 느껴지지 않았다.

배하자며 건네는 술잔에 나는 의도치 않은 상황에 처하게 되었다. 라오스라는 장소에서 한국인이라는 내 위치는 미국과 중국이라는 맥락을 만나 애매하게 흔들린다. 여행자로서 동남아시아로 발을 들여놓았으니 앞으로 자주 맞닥뜨릴 상황이겠거니 생각했다.

그런 생각을 하는 동안 저녁 식사가 끝나 술자리로 옮겼다. 비엥사왓 씨가 왜 여러 마을 사람들이 다들 알고 있는 인물인지는 그때 눈치 챘다. 그는 원래 교사였지만 5년 전에 일을 그만두고 HPE 컴퍼니라는 단체를 설립했다. 거기서 하는 일은 누에벌레를 마을들에 무상으로 공급하고 마을에서 비단을 짜내면 제값을 받도록 비단을 유통시키는 것이었다. 그는 몇 차례나 비단 만드는 기술은 라오스가 지닌 저력이라고 힘주어 말했다. 지금 태국과 베트남, 특히 중국에서는 폴리에스테르를 섞어 비단을 만드는데, 가격에서는 밀리지만 100퍼센트 비단을 지키고 라오스 비단의 우수성을 알려야 한다고 강조했다.

하지만 그에게는 돈벌이가 목적은 아니었다. 그는 최근에 경제 불황의 여파로 비단 가격이 떨어진 일을 차라리 반겼다. 비단 가격이 너무 오르면 사람들이 돈 버는 일에 혈안이 되고 마을은 무너지고 공장이 세워진다는 것이었다. 또한 제조업이 발달하지 않은 라오스에서 지나치게 관광에만 의존하다보면 소수민족의 생활은 관광상품이 되고 사람들은 마을에서 관광지로 유출될 것이라고 우려했다. 공장이 아닌 집에서 앞으로도 비단을 생산하고 제값을 받게 할 수 있다면, 라오스적인 삶의 양식을 보존하는 데 도움이 될 수 있다는 것이 그의 생각이었다.

술기운 탓이었는지 그는 열심히 할 것이라는 자기 다짐을 거듭했는데 시종 진지한 눈빛을 잃지 않았다. 그리고 내가 전부터 품어온 한 가지 궁금증에 대해 그가 얼마간의 대답을 내주었다. 그는 사회주의권이 몰락하기 이전 라오스를 보다 평등한 사회로 기억하고 있었다. 그가 그렇듯 공을 들이는 작업도 평등한 사회를 복원하려는 기획의 일부였다.

나는 사실 그의 발언이 얼마나 현실적인지를 알지 못한다. 그의 발상이 라오스 사회에서 지니는 무게를 헤아릴 만한 배경지식이 없다. 다만 어떤 사회를 꿈꾸는가라는 물음에 '평등 사회 건설'이나 '인간성의 실현'과 같은 대답이 돌아오면 진부하다고 느껴진 지가 오래되었는데, 그의 발언은 달랐다. 실감이 났다. 물론 그의 발언을 어떤 의미로 정리해 삼켜 넘길 수는 없었다. 나는 라오스 사회의 실상을 모른다. 차라리 그의 발언을 감도는 향을 맡았다고 하겠다. 징훙의 차 아저씨를 만났을 때도 그 향이 있었다. 아마도 그것은 오랫동안 사람과 더불어 지내온 누에와 차, 그리고 그것들을 길러내는 사람의 정성이 씨실과 날실로 엮이며 숙성되는 시간 속에서 풍겨 나오는 향일 것이다.

10

여행과 표현

피조물과의 격투

인간은 쓴다. 쓴다는 행위로써 존재의 유한성을 극복하려고 한다. 영원을 향해 수놓은 말은 현실 너머의 지평선에 닿는다.

그러나 쓰고 있는 인간은 쓴다는 행위로 말미암아 자신의 유한성을 절감하게 된다. 언어는 존재를 확장시켜주지만 동시에 자아를 침식한다.

쓴다는 행위란 무엇인가. 쓴다는 행위는 쓰는 자의 몫인가. 쓰는 자는 자기 의도대로 언어를 몰아갈 수 있는가. 그러나 쓰는 자가 욕구를 실현하겠다고 표현을 고르려 나서자마자 원래의 의도는 아무리 순수했더라도 외부의 불순물이 끼게 되고, 문장은 의도에서 벗어나 바깥으로 번져나간다. 쓴다는 행위는 의도를 배신하고 사유의 경계를 위반한다.

물론 글의 시작만큼은 쓰는 자의 몫이다. 그러나 첫 문장을 손끝에서 떨어뜨리자마자 자기 글과의 괴로운 격투는 시작된다. 쓰는 자를 이제 작가라고 불러두자. 백지 위에서는 작가의 육체와 글의 육체가 격렬하게 부딪치기에 격투라고 부름직하다. 일단 한 문장이 작성되면 사건은 시작된다. 첫 문장은 작가가 떨어뜨렸지만 그 언어는 독자적인 생명력을 갖고 작가의 의도와 다르게 성장하려고 한다. 첫 문장은 입구가 되어 무한정한 언어의 세계를 백지 위로 불러들인다. 첫 문장 다음에 이어질 문장으로는 세상의 무수한 단어와 그보다 무수한 단어들의 조합이 대기하고 있다. 아직 등장하지 않은 가능성의 언어들은 백지 위로 올라오려고 경쟁한다. 이제 갓 띄운 첫 문장은 백지 아래서 들썩이는 언어들로 인해 조난당할지 모른

다. 작가의 사고는 백지 위로 유출되고 잠재적 언어는 작가의 사고를 침식한다.

이제 겨우 한 문장이 시작되었을 따름이다. 첫 문장은 다음 문장을 부르고 있다. 작가도 자신이 저질러놓은 첫 문장을 수습하려고 다음 문장을 쓰고자 한다. 그렇게 작가는 첫 문장과 경쟁하며 다음 문장을 이어간다. 그러나 작가는 두 문장 만에 깨닫는다. 백지 위에서는 원심력이 발생해 글은 작가의 애초 의도를 반영하기보다 이탈하려고 한다. 작가는 고분고분 자신의 의도를 따르지 않는 괴물을 낳았음을 직감한다. 작가는 쓴다는 행위로써 의도를 구현하려고 애쓰지만, 쓴다는 행위로 말미암아 의도와 표현 사이의 분열은 가속화된다. 두 번째 문장을 얹어놓았다고 상황이 수습되지는 않는다. 이제 두 문장은 함께 더 큰 해일이 되어 작가를 덮친다. 그 해일을 타고 넘으려고 문장을 이어나가면, 해일은 더욱 커지고 거세진다. 그렇게 버거운 한 문장, 한 문장을 이어나가다가 쓰는 자는 분명 자신의 피조물이었을 글 속에서 동요하고 방황한다. 자신을 불러 세우는 목소리가 들려온다. "그만둬. 넌 이미 졌어", "그럼 그만둘까", "아니, 그만둬도 넌 지는 거야."

두 번째 쓰기

고투의 시간은 길어지고 이제 제법 문장들도 불었다. 쓰려는 것과 쓰이는 것 사이의 육박전은 언젠가 멈춘다. 하지만 그렇게 말이 멈춘 자리를 결론이라고 여긴다면 착각에 불과할 뿐이다. 첫 문장을 떨어뜨린 수시간 전, 이런 식의 마무리는 예견하지 않았다. 글이 여기서 마무리된 까닭은 완성되었기 때문이 아니라 육박전에 지쳤기 때문이다. 그게 아니라면 여기까지 오는 과정에서 예기치 못한 문장을 건져 잠시 포만감을 느끼기 때문이다. 그러나 어떤 글도, 어떤 문장도 거기서 마무리되어야 할 필연성을 갖지 못한다.

드물게 어떤 작가들은 멈춘 자리를 결론이라 착각하지 않고서 거기서 다시 어려운 한 걸음을 더 내디디려고 한다. 그 작가는 알고 있다. 그 일보가 자신의 피조물을 매개하여 자기 사고의 관성을 극복할 수 있는 소중한 계기임을 말이다. 진정 사고가 시험에 놓이는 것은 글을 시작할 때가 아닌 글이 멈춰 서는 곳임을 말이다. 따라서 작가는 두 번째 쓰기에 나선다. 지금껏 해왔던 첫 번째 쓰기는 두 번째 쓰기의 출발점을 마련하기 위한 절차에 불과했던 것이다.

드물게 어떤 작가들은 묻는다. 왜 말을 이어나가지 못해 글이 중단되었는가. 왜 서둘러 수사들로 마무리 지었는가. 왜 추상적 개념에 적당히 의존하여 글을 끝맺었는가. 이 물음들을 자각하여 멈춘 자리에서 다시 떠날 때 작가는 두 번째 쓰기를 경험한다. 그리고 두 번째 쓰기에서 작가는 첫 번째 쓰기에서는 의식하지 못했던 사고의 안이함, 표현의 관성을 직시한다.

우리에게는 표현의 관성이 있다. 손가락 끝에서 표현의 관성이 꿈틀거

린다. 추상적 지성, 인정 욕망, 과시 욕구, 모방 심리가 그 관성을 가동시킨다. 나는 앞서 말했다. 첫 문장은 광활한 언어들의 세계로 개방되어 있다. 그러나 표현의 관성은 익숙한 곳으로만 수로를 파고 표현들은 그 수로를 따라 흘러간다. 쓴다는 행위는 분명 작가의 몫이지만, 작가는 자신을 에워싸고 있는 관성화된 언어층에서 표현을 건져낸다. 사고는 별다른 저항감을 느끼지 않은 채 관성화된 표현의 바다를 헤맨다. 그래서 손이 사고를 따라야 하는 관계가 역전되어 사고가 손끝의 움직임을 따라가기도 한다.

두 번째 쓰기는 자신의 의도와 자신이 사용하려는 표현이 밀착되지 않은 채 그 사이가 떠 있다는 자각에서 출발한다. 두 번째 쓰기에서 작가는 자신이 구사하는 표현을 스스로 불투명하다고 느낀다. 그리고 자신의 표현을 불투명하게 느끼는 작가는 자기 의도야 자신이 잘 알고 있다는 믿음도 흔들린다. 그리하여 두 번째 쓰기는 작가에게 분절의 경험이 된다. 쓰고 있는 자신과 문자를 수놓아 형상화해가는 세계 사이에서 분절을 경험한다. 그렇게 갈라진 곳에서 떠오를 표현들은 아직 작가 자신에게조차 알려지지 않은 비밀일지도 모른다.

따라서 두 번째 쓰기에서 글이란 그것이 없었다면 경험해보지 못했을 자신을 관찰하는 광학 도구가 될 수 있다. 표현의 관성, 나아가 사고의 관성에서 벗어나 자기 정신의 심부로 내적 망명을 떠나 자기 사유의 한계치와 대면할 수 있다면, 그 해체의 경험 속에서 자기 안의 여러 목소리를 발견하게 된다. 아직 표현된 적 없는 머나먼 자신과 만날 수 있다. 그것은 어떤 의미에서 이제껏 막연히 '나'라고 불러온 대상을 비인칭으로서 경험하는 일일지 모른다.

여행기의 가능성

내 안에는 여러 거주자가 살아가고 있다. 바깥의 언어는 내 안으로 들어와 여러 나를 거쳐 간다. 그리고 표현의 관성을 벗겨낼 때마다 다른 누군가와 또 다른 누군가와, 다시 또 다른 누군가와 나는 만난다. 한편 그 언어로 담으려는 현실도 균질하지 않다. 현실이란 파편들이다. 주관이 하나의 정동으로 타오를 때조차 객관은 파열된 풍경이다. 작가는 파편 속에서 사유하며 파편들을 건져 재구성한다.

그러나 사유의 힘이 부족하다면, 현실의 파편들과 마주하여 그것들의 고유한 형상, 음영, 무게를 간과하고 표현의 관성에 기대어 파편들을 그저 매끄럽게 다듬고 만다. 파편화된 현실을 그럴듯한 표현 속으로 용해시킨다. 그러나 진정 현실을 통과하는 언어라면 파편화되고 긴장 관계에 있는 현실들을 섣불리 종합하거나 화해시키지 말고 그 간극 속에서 표현을 빚어내야 한다. 작가의 언어를 거치고 나서도 현실의 파편들은 생명력을 잃지 않고 파닥일 수 있어야 한다. 동시에 작가는 자신의 언어를 통해 파편들을 부분들의 집합 이상으로 승화시켜내야 한다. 말의 소명이란 자신의 척력으로 파편들을 모으고 보이지 않는 중심을 찾아 균형을 부여하되 동

시에 각 파편들의 고유성을 훼손하지 않는 것이다. 그리하여 두 번째 쓰기에서 작가는 현실 속의 파편들을 종이 위의 서사로 옮기고자 할 때 글감의 배치는 물론 술어 하나, 접속어 하나, 수식어 하나, 그렇게 파편들을 연결하는 이음매 하나마다 거기에 담기는 자신의 의지를 관찰해야 한다.

그리고 나는 여행기가 바로 그러한 말의 소명을 시험하기에 적합한 글쓰기라고 생각한다. 여행기란 익숙한 자신을 데리고 낯선 곳으로 나가 바깥에서 펼쳐지는 사건을 매개 삼아 자신의 사고와 감각을 되묻는 글쓰기다. 아니 그런 글쓰기일 수 있다. 또한 여행자는 자신의 일상을 떠났지만 타인의 일상 곁에 잠시 머물러 삶을 지속한다. 여행에는 일상으로부터의 일탈과 일상으로의 인접이 공존한다. 여행에서는 자신의 삶과 타인의 삶이 겹쳐지고 자신이 타인에게 의존해야만 살아갈 수 있다는 사실을 좀더 뚜렷한 형태로 체험하기에, 일상에서 무신경하던 영역을 들여다볼 기회를 얻는다.

그러나 여행은 위험하다. 여행에서는 적절치 않은 때, 즉 준비되지 않은 상태에서 사물을 보고 사건을 접할 가능성이 높다. 그 경험들은 일관된 서사로 짜내지 못한다면 꿸 사슬이 없는 진주처럼 흩어지고 만다. 그러나 섣부른 서사는 경험마다의 고유성을 앗아간다. 자신의 능력으로 서사의 뼈대를 세우지 못할 경우 여행자는 흘러가는 시간에 의탁해 경험을 나열하기 쉽다. "언제였다, 어디에 갔다, 이런 게 있었다, 저런 걸 했다, 어땠다, 그런 느낌이었다……."

그런 글은 풍경의 서툰 묘사와 장황한 체험담과 덜 익은 감상의 진열장

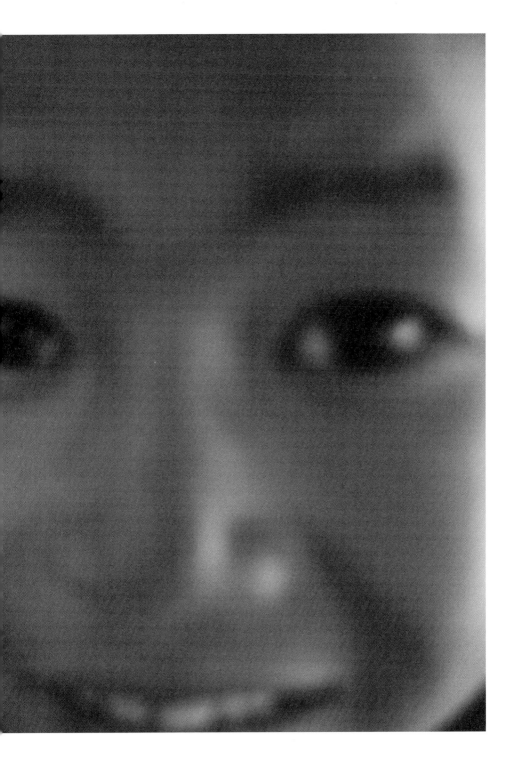

이 되기 십상이다. 그런 글은 아무리 문체가 화려해도 곧 무미건조해진다. 정신의 매개 없이 나열하는 체험과 감상은 수기에 가까워진다. 안이한 공감에 기댄 언어의 피륙 짜기는 진공만을 울린다. 따라서 뻔한 서사 구도 속에 흥밋거리를 주입하려다보니 기이하고 이국적인 대상을 물색하게 된다. 그럴수록 여행을 통해 경험할 수 있는 생활의 진실은 가려지고 만다. 그리고 그럴듯한 소재마저 찾지 못한다면 현란한 수식어로 변변치 못한 체험을 포장한다.

상투적 표현

여행기는 파편화된, 더구나 낯선 현실의 파편들을 분류하고 증류하여 언어로 담아야 하는 사명을 갖는다. 그 과정에서 새로운 생명력을 지닌 언어의 출현을 기대할 수 있다. 그러나 여행기에서는 다른 어떤 글쓰기보다도 진부한 수사, 상투어, 가볍게 터치된 표현의 편린들을 자주 접할 수 있다. 낯선 풍경을 담고 싶다는 성급한 표현욕을 달래려다 뛰어드는 곳은 친숙한 말의 바다다. 물론 그 바다 속에서 탁월한 표현을 건져낼 수 있을지도 모른다. 그러나 애초 여행기는 체험을 글로 옮기는 것인데 상투적 표현에 물들다보면 고유한 체험이 표현을 위해 희생당하기도 한다.

상투적 표현들도 처음 그 표현들을 창조한 사람의 글 속에서는 인상적이었을지 모른다. 그러나 거기에 새로운 감각을 주입하지 않고 그저 가져다 쓸 뿐이라면 졸렬한 모방이 되고 만다. 특히 여행기에서 상투적 표현은 피상적 체험조차 화려하게 장식하여 작가가 자신의 체험을 과신하고 또한 체험을 적절히 묘사하고 있다는 안이한 생각을 심어줄 수 있기에 더욱 해롭다.

여행기에서 상투적 표현은 어디서고 가동될 수 있다. 낯선 풍경을 묘사할 때, 자기 마음의 풍경을 그려낼 때, 타문화를 소개할 때, 어느 경우건 등장할 수 있다. 나는 몇 가지 사례만을 확인해두고 싶다.

먼저 풍경에 대한 묘사가 상투어에 푹 담겨 인상평을 면치 못하게 된 사례다. "창밖을 보니 이제 햇살이 따갑다. 봄볕이 대지를 비춰 꽃을 피워낸다." 햇살이 따뜻하고 대지가 아름다울 수도 있지만, 이런 묘사는 오히려 풍경을 구체적으로 관찰하는 데 별로 관심이 없음을 보여줄 뿐이다. "삶이라는 등정에서 빨리 확고한 목표에 도착하기 위해 주변에 피어난 꽃들, 숲에 숨어 우리를 바라보는 사슴 떼의 맑은 눈동자, 하늘에 탑처럼 솟은 뭉게구름, 저 먼 곳에서 하얗게 굽어보는 설산을 바라보지 못한 셈이다." 착상은 뚜렷하지만 과도한 수사가 감정이입을 방해한다. "공중에서는 햇빛에 섞여 모래와도 같은 것들이 반짝이며 내려오고 있었다. 사람들은 그것을 공해 가루라고도 했고, 멀리 벵골만에서 날아온 황사 가루라고도 했다. 하지만 내게는 그것이 아득히 먼 히말라야의 눈가루처럼 보였다. 그것들은 가난하지만 순박한 인간들의 삶 위로 형형색색의 만다라를 그리며 내려오고 있었다." 삶의 현실적 궁핍과 종교적 구원 사이의 간극이 화려한 문체 속에서 너무나 쉽게 화해하고 있다.

현실의 존재, 심미적 대상

여행이 다른 삶의 맥락으로 들어가 의식상의 변화를 촉구당하는 체험이라면, 다른 삶의 모습을 묘사할 때도 그 변화가 반영되어야 할 것이다. 사고와 표현이 숙성되지 않았을 때 그저 풍경을 다루는 경우라면 묘사가 서툰 정도에 그치겠지만, 삶의 모습을 다루는 경우라면 타인의 삶을 멋대로 소비하는 것이 될지 모른다. 특히 그런 감상은 소위 제3세계에 나가 거칠 것 없이 시선을 쏘아대고 의미를 포획해올 때 두드러진다.

"숲에서 이렇게 잘 다니는 것을 보니 새삼스럽게 그가 마야인임을 알게 되었다." 개인의 육체적 능력 하나만으로 민족성을 운운해도 되는가. 특히 제3세계 사람들은 개개인이 본능적으로 자신들의 민족성을 요약하는 존재처럼 비쳐진다. 민족성이라는 추상물이 구체적 개성을 압도한다. 그래서 다음의 표현은 파렴치한 자기과시처럼 보인다. "그에게서 진짜 스리랑카의 얼굴을 보고 말았다."

한 개인이 한 민족을 요약하는 것처럼 묘사한 다음에는 한 사회를 쉽게 뭉뚱그린다. "이렇게 자연에 순응하는 라다크인의 삶의 방식은 모두 그들이 믿는 종교로부터 나온다." 때로는 최상급으로 추어올린다. "과테말라 사람들은 다른 지역의 누구보다도 맑은 영혼을 가지고 있다", "부탄 사람들은 자신의 궁핍을 내보이는 데 꺼려하지도 않았고 남의 것을 탐하지도 않는다. 그들의 행복지수는 항상 세계 상위권이다. 그들은 물질적 탐욕에서 가장 멀리 떨어져 있다", "팔레스타인, 이보다 더 전쟁의 피해를 입은 지역은 없을 것이며, 이보다 더 평화를 원하는 곳 또한 없을 것이다."

그러고는 종종 교훈조의 문장이 이어진다. "지금 서울은 어떠한가. 투쟁하고, 남의 것을 탐하고, 이웃을 시기하고, 조금이라도 힘이 있으면 그 힘으로 내리누르려 하지 않는가." 여행에서 타문화를 얄팍하게 감상하면, 자신의 감상을 의미로 포장해오는 과정에서 자문화에 대한 단순화를 범하기 마련이다. 타문화와 자문화에 대한 단순화는 동시에 발생한다.

마저 한 문장을 보자. "저 땅은 얼마나 척박하고 얼마나 많은 슬픔을 간직하고 있는가. 가난한 자들은 육체의 어두운 뇌옥에서 벗어나 영원을 움켜잡으려 한다." 현지인에게 감정을 이입하려고 하나 현지인은 '슬픔'이라는 심미적 대상으로 응고되어 사고가 거기서 멈춰버렸다는 인상이다.

명상적 운율의 설교조가 간헐적으로 곁들여지기도 한다. "라오스 사람들의 삶은 누추하고 빈곤하지만 그들의 영혼은 자유롭고 풍요로웠다." "미얀마인, 더 가진 것, 덜 가진 것을 서로 비교할 필요가 없으니 마음의 그늘이 생길 리 있나." 이런 감상들이 내비치는 휴머니즘에도 불구하고 그 전달 방식은 어쩐지 폭력적이다.

처참할지도 모를 현실의 상황을 마주하고도 너무나 많은 정신적 여유를 부리는 경우도 있다. "아! 이래서 인도는 다르구나. 내 눈앞에 펼쳐지는 가난함의 실체를 인도인은 자연스럽게 받아들이고 있다. 거리에서 숙식을 하고 취사도구가 전부이며 가족 모두가 거지인 사람들도 행복해할 수 있는 이유는 인도이기 때문인가?"

이런 감상은 감상자가 순수하기 때문일지도 모른다. 그러나 그것이 순

수함이라면 순수함이란 얼마나 비열해질 수 있는가. 구체적인 사고의 절차를 생략한 채 비약하는 순수한 감상은 약아 보이기조차 한다. 현지 사회를 아름답게 덧칠하면서 자신은 착한 영혼을 가지고 있다며 은근히 내보이는 것이다. 물론 대상을 묘사할 때는 자신을 드러내려는 허영이 따를 수 있다. 그 허영이 잘못된 것은 아니다. 때로 표현에 낀 거짓은 묘사되는 사실보다 많은 것을 말해준다. 나는 순수한 마음을 드러내는 방식이 불순하다고 말하려는 게 아니다. 다만 순수함이더라도 그것을 꺼내려면 계산을 해야 한다.

그때 계산이란 자기 속마음과 남의 시선 사이의 흥정을 뜻하지 않는다. 차라리 자신과의 흥정을 뜻한다. 어찌하여 자신의 감상이 그런 정감으로 기울었는지를 직시해야 한다는 것이다. 왜 자신의 감상이 그런 형체를 이루게 되었는지를 살펴야 한다는 것이다. 외적 대상과 내적 감상 사이에서 좀더 복잡한 사고의 절차를 가다듬을 때 여행의 사고는 시작될 수 있을 것이다.

고백과 자기과시

여느 때라면 그러지 않을 사람도 여행자가 되면 무장해제되어 곧잘 풍경에 비치는 자신의 마음을 고백체로 드러내곤 한다. 그러나 그 고백조차 자신의 내면을 구석구석 살펴 이끌어낸 이야기가 아니라 표현의 관성을 따라가곤 한다.

진정한 고백이라면 자기를 대상화한 후에야 가능하다. 더구나 타지를 체험하고 있다면 바깥 대상이 이물질로서 자신의 육체와 정신 속으로 들어올 때 고통을 느낄 것이며, 그 고통을 곱씹은 후에야 고백이 가능할 것이다. 그러나 그 과정을 거치지 않은 고백들이 횡행한다. 이물감조차 느끼지 않고 낯선 대상을 삼켜서는 쉽게 소화하고 시원하게 트림하듯이 고백이 나온다. 그 트림에서는 자의식 냄새가 짙게 풍긴다. 내숭, 허영, 속물근성, 거드름, 오만이 그 냄새에 섞여 있다. 그런 고백을 들으면 다소 낯 뜨겁다.

꿈 얘기가 그렇듯 고백은 고백하는 당사자만이 열을 낸다. 그것은 고백으로서의 의미를 갖지 못한다. 즉 개인의 구체성으로부터 발원해 타인의 마음에서 공명을 일으킬 만한 요소가 없다. "바나나를 팔러 온 어린이들의 눈망울이 너무 아름답다. 나의 탁한 눈빛을 되돌아보게 만들었다. 바나나를 한 다발 사서 14루피를 쥐어줬다. 두 배를 주고 샀지만 아깝지가 않았다." 또한 방황하는 심경을 토로하지만 거기서는 자신의 감상을 의심하고 새로운 사고에 나서겠다는 공복감조차 느껴지지 않는다. "길을 걷다가 갑자기 이런 장면을 만나게 된다면 오체투지를 하는 수밖에 없다."

지나치게 농밀하지만 그조차 즉흥적이라고 느껴지는 경우도 있다. "정상을 바로 앞에 두고 멈춰 서서 뒤를 돌아본다. 눈물이 와락 쏟아졌다. 몸을 가느다란 막대기 두 개에 의지한 채 고개를 숙였다. 생채기 나고 옹이졌던 그동안 내가 걸어온 모든 세월들을 다 털어내버릴 듯 '꺼이꺼이' 소

리를 삼키며 한참을 울었다." 고백을 하려다가 기법을 따라가는 데 급급해 체험이 수사에 희생당한 듯하다.

"그저 관광 삼아 우르르 몰려드는 관광객 때문에 삶의 풍경은 많이 바뀌었다. 나도 이곳에 들어선 부끄러운 관광객이다. 지갑에서 돈을 꺼내 손에 건네며 부끄러웠다." 진정 부끄러움에 가까운 감정이라면 부끄러움이라고 형용할 수 있는 하나의 감정에 머무르지 않고 복수로 갈라질 것이다. 쉽게 꺼내는 '부끄러움'이란 표현에는 그런 복수의 감정이 고이지 않는다.

여행자가 섣불리 성자의 언어를 흉내 낼 때도 의심이 든다. "그들을 보면서 나는 시속 몇 킬로미터로 살아왔는가, 묻게 된다. 생활 안정이라는 이름을 빌려 물질적인 것을 추구하느라 얼마나 정신없이 달려왔는지 되돌아보게 된다. 이제 산에서 내려가 일상으로 돌아가면 삶을 더욱 느림으로 일관하리라고 다짐한다. 길가에 피어난 꽃에게 더욱 자주 눈길을 던지고, 친구에게 안부를 물으면서, 삶을 완속으로 가리라 결심한다."

이것들은 고백이라기보다 자기 검열을 거쳐 살균 처리된 감상의 파편들로 보인다. 그런 고백들은 착하다. 그러나 여행에서는 착함마저도 치밀한 성찰의 대상이 되어야 한다. 진정 상황 속에서 부대꼈다면, 그 체험을 그저 착한 한 가지 감상으로 정제할 수는 없을 것이다. 그러나 지성의 짧은 호흡은 종합적 통각을 붕괴시키고 단순한 감상과 아울러 사유를 낳는다.

더구나 고백체는 속 이야기를 꺼내 독자에게 다가갈 권리를 얻겠다는 흥정의 냄새를 풍기기도 한다. "사실 나는 영악한 존보다도 꾸물거리는

반젤리스가 좋았다. 스무 배 정도쯤. 그러나 그 말을 꺼낼 수는 없는 노릇이다." 왜 존에게는 꺼낼 수 없던 말을 존이 누군지도 모르는 독자에게는 스스럼없이 꺼낼 수 있는가. 독자야말로 생명부지 아니던가. 한국어 독자라면 공감해주리라는 안이한 전제는 어디서 마련되는가. 모든 고백과 회고조의 이야기에는 거짓이 끼기 마련이다. 거짓은 잘못이 아니다. 문제는 그 거짓이 얄팍한 사고에 기대고 있을 때다.

체험의 표현, 표현이라는 체험

여행에서 마주친 어떤 장면과 거기서 번지는 감정을 적절히 묘사하기란 참으로 힘들다. 가을 저녁 한적한 길바닥에 고인 물웅덩이와 마주쳤을 때 피어오르는 감정조차 전달하기는 쉽지 않다. 낯선 카페에서 만나 말을 섞게 된 여행자와의 대화를 정리하는 것도 쉬운 일이 아니다. 그것들을 표현하려다보면 거짓이 끼고 어색한 말들은 잔뜩 쌓여간다. 그러나 표현의 시도를 거듭할 때, 두 번째 글쓰기에 나설 때 상투적인 감상의 피질을 벗겨내어 진정한 체험으로서의 표현에 육박할 수 있다. 진정 표현에 도달하는 길을 내려면 자기 사유의 한계와 대면해야 한다. 표현자는 어디까지 길을 낼 수 있는지 차갑게 자신에게 따져 물어야 한다.

그러나 체험과 표현의 관계는 전도되기도 한다. 체험을 전달하고자 표현을 고를 텐데 어느덧 체험이 표현을 따라간다. 더구나 상투적 표현이 체험의 양상을 결정하기도 한다. 자신의 체험만이 아니다. 인식 대상도 자신의 표현에 봉사하도록 만든다. 말하는 방식이 느끼는 방식을 규정하고, 묘사하는 방식이 경험하는 방식을 규정하는 것이다. 친숙한 말, 소외된 말, 물화된 말, 상업적 인장이 찍힌 말들이 체험을 목 죄고 사고를 갉아먹으면, 진부해진 체험과 사고를 치장하고자 다시 화려한 수사를 들여오지만 그마저도 상투적이다.

그리하여 여행의 사고는 여기에 다다른다. 표현을 통해 체험을 담을 뿐 아니라 표현 행위를 하나의 체험으로 사고할 수는 없을까. 백지 위의 체험은 현실 속의 체험을 그대로 반영하지 않고 재구성한다. 땅 위에서 길을 잃듯 종이 위에서도 방황을 한다. 막상 여행의 체험을 표현하려 나서면 정신의 지침은 동요한다. 그 체험을 몇 마디 감상으로 넘긴다면 방황도 멈추겠지만, 거기서 상투적 표현을 내려놓고 애써 자신의 표현을 짜내려다보면 정신의 지침을 결정하는 터부, 불명료한 인식, 침전된 기억, 표현 욕구 등은 충돌을 벌이게 된다.

말이란 공기처럼 쉽게 들이마시고 내뱉을 수도 있지만, 사람의 머릿속에 들어와 전류처럼 저항을 일으키기도 한다. 이 저항이야말로 말의 중요한 의의 가운데 하나이며, 표현이 진정한 체험이 될 수 있는 이유기도 하다. 말과의 부대낌 속에서 사고 작용을 속속들이 들여다보고, 거기서 배양된 힘으로 현실의 생동감 넘치는 진실을 포착해야 한다. 구체적인 현실을 추상적인 표현으로 덮어버리는 것이 아니라 현실을 안으로부터 해체시켜 표현을 발효시켜야 한다.

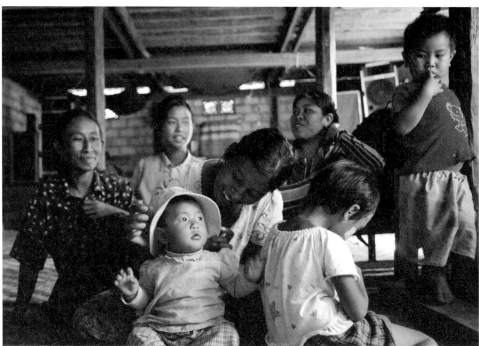

인간은 말을 통해 영원을 꿈꿀 수 있다. 그것은 인간이 유한성에 매여 있는 까닭이다. 그러나 유한성이야말로 인간이 영원을 볼 수 있는 근거다. 그 유한성에 매여 자기 손으로 썼다는 확신을 가질 수 있는 언어를 벼려내는 것, 그것이 여행의 표현이다.

5분간

어떤 작가는 그 표현을 위해 기다린다. 어떤 화가도 기다린다. 한 획으로 그어버리면 될 것을 점을 찍어 선으로 만들려면 오랜 시간이 필요하다. 그런데도 어떤 작가는 그 노력을 기울인다. 그것은 완성에의 욕망보다 자신의 그림과 더 오랫동안 관계를 지속하고 싶다는 욕구, 화폭 속으로 들어가고 싶다는 욕구가 있기에 가능한 일이다. 그 화가는 그림이 탄생하는 시간을 체험하며, 그림 속으로 들어가는 시간을 캔버스 위에 쌓는다. 그렇게 창조된 그림은 어떤 입체감을 띤다.

작가에게도 그런 일은 가능할 것이다. 하지만 가능하다는 사실만을 알고 있을 뿐 어떻게 해야 가능한지는 모른다. 지금까지의 문자놀림은 바로 나를 향한다. 나는 나의 바람처럼 쓰지 못한다. 나는 나의 사고력과 표현력이 너무나 불만스럽다. 다만 나는 내가 바라는 글을 써낸 몇몇 사람들을 알고 있다. 그런 존재가 있었다는 사실에 나는 위안을 느낀다. 나는 표현의 관성을 이겨내는 글이 있음을 실증하고자(내 힘으로 증명해낼 수 없기에)

그 몇몇의 존재 가운데서 레비스트로스를 인용하여 나의 글을 마치고자한다. 긴 인용이 될 테지만, 사실 『슬픈 열대』에서 불과 일부를 인용할 뿐이다. 그가 일몰을 묘사하는 장면이다.

오후 5시 40분. 서쪽 하늘 끝이 어떤 복잡한 건축물로 막혀버린 듯이 보였다. 그것은 바다를 닮아 아래는 완벽한 수평이었으나, 수평선 위는 어떤 알 수 없는 융기로 인해 떨어져 나온 듯 보였다. 꼭대기에는 어떤 뒤집힌 무게의 효과로 인해 천정점天頂點을 향해 불안정한 비계, 부풀어 오른 피라미드, 그리고 구름이 되려다가 쇠시리 모양으로 굳어버린 증기들이 매달려 있었다. 태양을 가리고 있는 그 뒤죽박죽의 더미는, 불꽃들이 날아오르던 꼭대기 쪽을 제외하고는 드문드문 비치는 빛줄기와 함께 어두운 빛깔로 떨어져 나가고 있었다.

하늘 더 높은 곳에서는 비물질적이면서도 순수하게 반짝이는 직물 같은 황금빛 다채로운 무늬가 굴곡지며 맥없이 풀어져가고 있었다.

북녘을 향해 수평선을 따라가 보면, 그 주요한 모티프는 점점이 이어진 구름 속에서 엷어지며 사라져갔다. 구름 뒤의 아주 먼 곳에는 높은 줄무늬가 꼭대기에서 솟아오르고 있었고, 아직도 보이지 않는 태양의 가장 가까운 쪽에서는 빛이 그 줄무늬의 힘찬 가장자리를 에워싸고 있었다. 또 더 북쪽을 내다보면 흐릿해지고 얄팍해진 줄무늬만 남아 바다 속으로 스러져가고 있었다.

남쪽에도 똑같은 줄무늬가 다시 나타나고 있었는데, 이번에는 버팀대 꼭

대기에 놓인 우주론적인 고인돌처럼 놓여 있는 거대한 구름 덩어리가 그 위에 올라와 있었다.

완전히 태양에 등을 돌리고 동쪽을 주시해보면, 마침내 두 덩어리의 구름을 볼 수 있는데, 흉부와 복부가 불룩한 무슨 성채―하늘에 둥실 떠 있으면서 진주모같이 분홍·보라·은빛의 반사광을 발하고 있는 것 같은 성채―의 외진 곳에 비친 태양빛으로 말미암아 역광을 받은 것처럼 고립되어 있었다.

그동안에 서쪽 시야를 가로막고 있던 천상天上의 암초들 뒤에서 태양이 서서히 그 모습을 바꿔갔다. 태양이 조금씩 아래로 떨어지자 빛들은 저녁놀을 분산시켰다. 때로 빛은 오므라드는 주먹처럼 살그머니 사라져갔다. 문어 한 마리가 안개 낀 동굴 밖으로 나오고 있는 것처럼도 보였다.

해가 떨어지는 모습은 두 가지 단계로 명확히 나뉜다. 처음에는 태양이 건축가의 역할을 하며, 그 다음에 가서는 (햇빛을 직접 발산하지 못하고, 단지 반사광을 보내게 될 무렵에는) 화가로 변모하는 것이다. 태양이 수평선 뒤로 사라지자마자 햇빛은 약해지며 순간순간 점점 복잡해져가는 도면들이 나타난다. 가득한 태양빛은 투시도를 그리는 데 방해가 될 따름이지만, 낮과 밤 사이에는 일시적인 만큼 환상적일 수 있는 자리가 건축가에게 남겨져 있다. 그리하여 어둠이 깃들면 기막히게 채색이 된 일본장난감처럼 모든 것은 다시 굽실거린다.

정확히 오후 5시 45분. 첫 번째 단계가 그 윤곽을 드러냈다. (……)

여행의 표현

이상은 레비스트로스가 단 5분 동안 전개된 상황을 묘사한 것이다. 나는 5분 동안, 하늘에서 펼쳐지는 장면을 저렇게 그려낸 그의 문장에서 인간 정신력의 어떤 한도를 본다. 그저 세밀해서만은 아니다.

물 위로 돌멩이가 떨어지면 파문이 인다. 파문은 다 퍼져나가기도 전에 잦아든다. 수초 뒤에 기억하려고 애써보았자 물이 출렁이던 모습은 잊힌 채 돌이 떨어진 자리 정도가 기억될 따름이다. 그래서 대개의 표현은 돌멩이가 떨어진 자리만을 표시한다. 그런 표현은 진정한 체험에 값하지 못한다. 순간을 순간으로 체험할 뿐이라면, 마음의 파문은 생기지 않는다.

그러나 레비스트로스는 그렇지 않았다. 파문을 섬세한 관찰력으로 포착해 한 자리 한 자리 물이 퍼져가던 모습을 한 뜸 한 뜸 문장으로 기록해 냈다. 돌멩이가 물 위로 떨어졌을 때 레비스트로스의 마음에도 파문이 일었던 것이다. 그의 관찰력은 물 위의 파문만을 좇은 것이 아니라 자기 감상의 내밀한 구석을 속속들이 짚어보았다. 그랬기에 저런 묘사가 나올 수 있었다. 그런 글을 보면 그저 옮겨 적고 싶은 생각에 빠져든다. 그 뒤로는 해가 지고 어둠이 깔릴 때까지 열 페이지가량 묘사가 더 이어진다. 그러나 더 이상 베낀다면 그에게 누가 될 것 같다. 다만 일몰을 묘사하기 전에 그가 했던 말은 옮겨두어야겠다.

만약 내가 그 변덕스러우면서 다루기 힘든 모습을 기술할 적절한 말을 찾아낼 수 있다면, 그리고 남들에게 두 번 다시 똑같이 일어나지 않을 그 독특한 광경이 시시각각 변해가는 모습을 전해줄 수만 있다면, 나는 대번에 내 직업의 비밀 속으로 들어갈 수 있으며, 민족학자로서 내가 겪을 경험들이 아무리 괴이하고 특이한 것들일지라도 어느 날엔가는 모든 각도에서 그 의미를 파악할 수 있을 것처럼 느꼈다.

일몰에 대한 그의 묘사가 감동적인 까닭은 서정적이거나 세밀해서만은 아니다. 그는 민족학자로서 낯선 삶의 현장에 들어가 가려져 있을, 혹은 뒤섞여 있을 요소들을 식별해내는 능력을 길러야 했다. 그리고 짧은 순간에도 주의력을 집중시켜 모든 각도에서 의미의 총체를 파악해내는 방법을 터득해야 했다. 일몰 묘사는 바로 그 훈련이었다. 그리고 저런 묘사의 노력은 그가 인류학적 업적을 남길 수 있는 자산이 되었다. 그리고 나는 여행자로서 그 노력의 흔적이 여행의 사고를 가다듬고자 할 때 어떤 지표가 된다는 사실을 느끼고 있다.

사진을 편집해주신 윤성진(사진세계) 님께 감사드립니다.